# からだは星からできている

佐治晴夫

Haruo Saji

UNIVERSO È SCRITTO IN LINGUA MATEMATICA

春秋社

からだは星からできている　目次

## 3　神話の中に見える宇宙観

## 6　宇宙のひとかけらとしての私たち



## 7　宇宙の「からくり」に学ぶ「人生の歩き方」

# からだは星からできている

# 序章　星の降る夜に

「真砂《まさご》なす数なき星の其《そ》の中に　吾《われ》に向《むか》ひて光る星あり」

明治を生きた歌人、正岡子規（一八六七〜一九〇二）が晩年に詠んだ歌です。

夏の夜など、砂浜に寝転んで、潮騒の音に身をまかせ、星空を眺めていると、視覚、聴覚からの刺激が、私たちの体を丸ごと太古の昔へといざなってくれます。

それは、ひとことで言ってしまえば、星のまたたき、つまり、星からやって来る光の強弱の変化と、潮騒の音のリズムが、人類の進化の途上で脳に深く刻まれた宇宙の根源的性質とぴったり共鳴するからでしょう。

すべての物質をつくるもとになる元素たちは、ことごとく星の中で合成され、星が超新星爆発というかたちで終焉《しゅうえん》を迎えた時、宇宙空間にばらまかれますが、私たち人間も、その「星のかけら」が集まってできているのですから、脳の中に、はるかな宇宙進化の記憶が刻み込まれているといっても言い過ぎではないのです。

とりわけ、宗教的体験や芸術の創作過程などでも、宇宙や自然との一体感が、悟りともいえる特別な感覚をもたらし、新しい世界への入り口となるのも、そんなところに理由があるのかもしれません。

最近、熱気球に乗って、空を飛ぶという経験をしました。「飛ぶ」、と言うより、風のまにまに時速数キロメートルの速度で動くのですから、「浮く」、と言った方がいいのかもしれません。まるで、静かな湖の上を滑っていく小舟に乗っているような感覚です。大きなバルーンの下に吊り下げられたケージ（籠）から眺める地上の風景は、自分は止ったままで、ただ、周りの景色だけが、静かに音もなく動いているといった不思議な世界に、私たちを誘ってくれます。

地上の街も道路も、すべてが、ミニチュアセットそのもので、今、自分が高度数百メートル以上の空の中にいるという実感はまったくありません。同じ空から見下ろす景色といっても、飛行機から見る情景とは、まったく違います。どこまでも、真っ直ぐに伸びる橋や鉄道線路の美しさ、ゆるやかなカーブを描く高速道路の幾何学模様、そして、郊外型大型スーパーマーケットの駐車場に、きちんと並んでいるオモチャのようなクルマたち。すべての光景が現実離れしています。

頬をなでる雲の音が聞こえそうな静けさの中で、地上を走るクルマの音は、まったく聞こえず、ただ、犬の鳴き声だけが聞こえてくる、という不思議さ。ふと、天空の彼方から飛来した〝E・T・〟（The Extra Terrestrial＝地球外知的生命体）が、この景色を見たら、どう思うだろうと、しばし、そんなことにまで想像がふくらんでしまうような体験でした。

ここで、もうひとつ、興味深かったことは、空から眺める地上の風景の中には、自然の秩序とでも言いたいようなパターンがあることです。街があり、川が流れ、こんもりとした丘や森があり、その向こうには、大きな海原と山脈があって、それらが、あるべき姿で調和しています。しかし、その中で、丘を崩し、造成してつくられた工場や集合住宅は、なんとも唐突な景色として目に映り、ふと、以前に、内視鏡越しに見せてもらった臓器内部の疾患の部位を思い出しました。

人の体も、空から眺める壮大な自然の風景も、どこかでつながっているようですね。

ミクロ世界はマクロ世界につながっているということでしょう。

こうして考えてみると、海辺に寝そべって、はるか彼方から吹いてくる海風に身をまかせ、その香りの中に、まだ見ぬ世界を想像する旅人のように、私たちは、天空の彼方からやってくるかすかな宇宙電波に耳をすまし、遠いふるさとのような宇宙の神秘を少しでも垣間《かいま》見てみたいと、空を仰ぎ続けています。その電波は、宇宙誕生のときの産声《うぶこえ》のようでもあり、永遠の子守歌を歌っているようにも聞こえます。

それでは、これから、「宇宙のひとかけら」としての人間、そして、あまりにもよくできているとしかいいようのない自然界の「からくり」への驚き、それらをとおして芽生えてくる自然界への畏敬の念、つまり、宗教的感情や、さらには、それらの表現として育まれてきた芸術などについても想いをはせながら、星降る夜のお話をしてみたいと思います。

# 1　宇宙の研究が目指すこと

## ★宇宙とは

宇宙とはなんでしょうか。

中国の古典「准南子《えなんじ》」(紀元前三世紀頃) には、「宇宙」の定義が、明確に記されています。まず、「宇宙」の「宇」は、「四方上下」のこと、つまり、自分の前、後、左、右、上、下、のことだと書かれています。ということは、自分をとりまく周り全体、地球も含めた、「空間」全体のことを意味しています。

一方、「宇宙」の「宙」については、「往古来今」であると書かれています。「往古」とは過ぎてしまって古くなったもの、「来今」は今から来るもの、ということですから、「往古来今」とは「時間」を意味する言葉だということがわかります。つまり、「宇宙」という言葉で、「空間と時間」全体を表わしているということですね。

私たち人間が、この世の中で生きているということは、「からだ」で、空間の一部を占有しているということなのですから、「宇宙」の「宇」の部分を担っているということになります。

その一方では、私たちの日々の生活は、「時間」というものの流れに身をまかせ、時間の海の中を泳いでいるようなものです。その時間の流れの中で、ある時、この世に生をうけ、そして、ある時点で、再び、永遠の沈黙の中に消えていかねばならないという定めを背負っています。今日が昨日になり、明日が今日になり、まるで、「時間を食べている」といってもいいような状況が、日々生きている私たちの姿です。

しかし、別の見方をすれば、この世から姿を消してしまったあとでも残された人々の記憶の中に残るのであれば、永遠の時の流れの中に私たちの人生があるといってもいいのかもしれません。そのように考えてみると、私たち人間そのものの存在が、「准南子」の中で定義されている「宇宙」の姿のひとつだといってもよさそうですね。極端な言い方ですが、「人間」すなわち「宇宙」だといっても間違いではありません。

それでは、「宇宙の外」という存在はあるのでしょうか。

先ほどもお話ししましたように、「宇宙」とは、空間と時間ということの総称でした。ところが、私たちの周りにあるものすべてが、空間と時間という入れ物の中にあるのですから、自分も含めて、ありとあらゆるものを含むものが「宇宙」だということになります。みなさんもご存じの通り、英語では、「宇宙」のことをuniverse（ユニヴァース）といいますね。uniとは「唯一の」という意味であり、verseは「入れ物」という意味ですから、唯一無二の入れ物が「宇宙」だということになります。

となると、「宇宙の外」は、あるのでしょうか。

「宇宙」はすべてを尽くしているからこそ、宇宙といえるのですから、もし、「宇宙の外」が存在するのであれば、最初にお話しした宇宙は、すべてを含むものではなく、宇宙の一部分ということになります。それ故に「宇宙の外」というものは、「ない」としか言いようがありません。「宇宙の外」という表現自体が、論理的に矛盾をかかえていて間違いなのです。また、「宇宙の外」を見るためには、宇宙の外に存在するもうひとつの目が必要になりますが、宇宙は、すべてを含むものなのですから、その外に、そのような目が存在するということはありえない、ということです。

ここで、ついでにお話ししておきますと、「宇宙」のことをcosmos（コスモス）とも言いますね。これは「よくととのって、調和している」、別の表現を使えば「美しい秩序」という意味をもっていることを付け加えておきましょう。

## ★なぜ自分であり続けたいのか

それでは、私たちが、宇宙のことを知りたいと思う気持ちは、どこからやってくるのでしょうか。

人類の歴史始まって以来、人々は、空を仰ぎ、自らをとりまく広大無辺な環境と、自らとの関わりについて、想いをめぐらしてきました。それは、私たち人間が、自分の環境というものにおける自分の位置づけを知りたいという欲求を本能的にもっているからなのでしょう。その背景には、いつまでも、「自分でいたい」という生物としての根源的欲求があるのだと思います。

私たちは、日常生活の中で、昨日の自分と今日の自分の違いをはっきりと意識することは、ほとんどありません。そんなことはわかりきったこととして、いついつまでも、「同じ自分」でいられると思い込んでいます。昨日も今日も明日も、「自分であり続けている」ということを、理屈ではなく、直感的に感じとっているということなのでしょう。

しかし、よく考えてみると、たとえば、胃液だって一週間くらいで半分くらい入れ換わっているようですし、細胞もめまぐるしく生成消滅をくり返しています。傷ついた皮膚も、治癒してしまえば、元通りになったと思いがちですが、体をつくっている成分や組織は、新しく生まれ変っています。ということは、ケガをした時点の自分と治癒したあとの自分は、違うはずです。決して、「同じ自分であり続ける」ことはできないということです。同じだと思っているのは、脳の中に蓄えられた記憶が演出している幻想に過ぎません。

それでは、なぜ、「自分であり続けたい」と思うのでしょうか。

それは、「死への恐怖」があるからだと思います。「死ぬのは恐い」ということは、「自分であり続けたい」という本能的な感情の裏返しでもあると思うのです。小さな虫だって、捕まえようとすれば逃げるでしょう。虫は捕まえられたくないのです。捕まえられて、殺されたくないのです。生き続けたいというのは、生物の本能です。逆の言い方をすれば、生き続けたい、と思うことが、生命体の本質だといってもいいのかもしれませんね。

では、「死ぬ」ということは、どういうことなのでしょう。それは、生きているという今の状態とは全く別の世界に入ってしまうということでしょう。言い替えれば、今の自分ではいられなくなる、自分であり続けることができなくなるということです。人はふつう、生きている方に対して手を合わせて拝むことはしませんが、亡くなった方に対しては手を合わせます。同じ人であっても、生きているときと亡くなってしまったあとでは、社会的な位置づけが違ってくるということです。幽明境《ゆうめいきかい》を異《こと》にする、ということですね。

自分であり続けたい。それが途切れることが、「死」という瞬間です。「生」の反対は「死」である、などと言われますが、ほんとうは「生」の反対は「死んだ後」、「死後」ということであって、「生きている」という状態と「死んだ後」という二つの世界を分け隔てる分岐点が「死」ということなのでしょう。そのような意味からすれば、「死」とは、人生の中にあるひとつの通過地点だといってもよさそうですね。「死」は単純に、「生」の反対ではないということです。

## ★自分以外の何かの力

さて、いつまでも自分自身でありたい、と思う心の先には、死の恐怖があるらしいということが見えてきました。となると、その「死」の恐怖をどのように考えれば乗り越えることができるのか。私たち人間にとっては、永遠の課題とも思えるその問題に真正面から取り組んできたのが哲学であり、宗教でした。

このことについては、またあとでお話をする機会があると思いますが、ここでは、私が、あるキリスト教系の小学校で行なった特別授業のことをご紹介しておきます。それは、自然科学者の立場から行なった「命の授業」です。命の大切さを感じてもらうことが、そのテーマです。

人は、誰でも、通常の状態であれば、命を大切にするのはあたりまえだと思っています。しかし、改めて「なぜ」と問われると、即答に窮してしまいます。

そこで、授業です。「命は大切だ」と元気よく答える子どもたちに、私は、話しかけます。「それでは、今から、神さまにいっしょうけんめいお願いして、ちょっとだけ心臓さんを止めてもらおうかな?」

純粋な子どもたちはお祈りを始めます。「神さま、心臓さんをちょっとだけ止めてみてください」。ところが、心臓は止まらない。私たちの意志と関わりなく、心臓が動いていることに子どもたちは気づきます。これは、いったいどういうことなのか。つまり、「心臓さんは止まりたくない」、これが子どもたちの次の段階での気づきです。神さまが、あるいは自然のからくりが、「心臓さん、動き続けてね」と言っていることへの気づきです。だから、作為的に心臓を止めることはいけないことなのだ、と子どもたちは気づきます。

次に、「止まりたくない心臓さん」を動かしているのは誰なのかを考えさせます。それは、神さまであってもいいし、それ以外の何かであってもいいのですが、重要なポイントは、「自分で動かしているのでない」ことを認識させることです。「自分以外の何かの力」との関わりを、子供たちに感じとってもらうことが大切です。

ご飯を食べる時に、食物を口に運び、咀嚼《そしゃく》するところまでは、私たち自身で行なう仕事です。しかし、胃の中に入って、うまく消化され、栄養源になるまでのプロセスは、「誰か」まかせです。自分の意志で行なっている仕事ではありません。「誰か」がしてくれている仕事です。

つまり、人は「自分だけで、自分の意志によって生きている」と思っているから、死ぬのが恐くなると考えてもよさそうです。自分以外の何かによって生かされているのだと思えば、「誰か」の意志によって、生かしてくれている力が働かなくなったときには、それに従うしかない、ということになるでしょう。

大方の宗教の根源にある、救いの原理です。このような視座からいえば、「死ぬのが恐い」というのは、「自分だけで生きている」というある種の思い上がりの裏返しかも知れません。キリスト教であってもイスラム教であってもユダヤ教であっても、あるいは、仏教であっても、すべて、「神さま」や「仏さま」の「御心《みこころ》のままに生きている」、「生かされている」という感覚が、救いの根底にあります。

それでは、ここで、誰にとってもあたりまえの存在だと思っている「自分」とはいったい何者なのか、ということを考えておきましょう。私たちは、自分のことは自分がいちばんよくわかっているのであって、そんなことを考えている自分こそが、「ほんとうの自分だ」と思っています。しかし、ほんとうにそうでしょうか。

実は、この問題に真っ向から取り組むのが宇宙研究の目的だといっても、さほど、間違いではありません。

## ★自分の顔は自分で見ることができない

「自分とは、どういう存在なのか」を知る手始めに、誰もが考えることは、自分の顔は、他人にとって、どのように見えているのか、ということでしょう。

あなたは、ご自分の顔をどのような方法でご覧になりますか。いえ、ご覧になったことがおありでしょうか。たぶん、「鏡で見て」とおっしゃるでしょう。しかし、鏡に映る顔は、上下はそのままですが、左右は反対です。つまり、通常の鏡を使うかぎり、「他者」の目に映るであろうあなたの顔を、あなたご自身は見ることはできません。鏡というのは、物理的に考えれば、光の反射を使っているわけですから、鏡に映される対象と映る映像は、鏡の面に対して、奥行きだけが反転するだけで、左右の変換はされません。ですから、鏡越しにあなたが見るあなたの顔は、「他者」の目に映るあなたの顔ではありません。そういった観点からすれば、眼鏡屋さんで鏡に映して、自分が気に入ったフレームを購入するというのは、何を評価しているのかわからなくなりますね。かけ心地だけのチェックにはなるでしょうが、「他者」に、どのようにあなたの風貌が映っているかということとは無縁の映像を、あなたは見ている、ということです。あなたをよく知っていてくださる誰か、信頼できる人に見ていただくのが安心ですね。

それでは、写真に撮ったらどうでしょうか。しかし、写真というのは、点の集合です。銀塩写真であっても、現代のデジタル写真であっても、ピクセル、つまり小さい点の集合でしかありません。もちろん、十九世紀のパリで活躍したスーラや、同じく同時代のイタリアで活躍したセガンチーニといったような点描画家は、色彩の点を集積して、素晴らしい新印象派の世界を築きました。しかし、それは、点と点の隙間《すきま》や重なりの中に、たゆたう想いを埋めていったからこそ、ほんとうの情景描写ができたのです。それに引き換え、とくにデジタル写真は、機械的に整列したピクセルの集合でしかありません。人物の写真であれば、そっと触れてみたくなるような柔らかな頬っぺたのフワフワした感触であるとか、体のぬくもり、吐息がもれそうな口元といったような感覚的な味わいは、すべて、ピクセルとピクセルとの間から抜け落ちてしまっています。実際の顔と写真の中の顔とは、基本的に違ってしまいます。

かつて、知人のカメラマンが、特定のメーカーのフィルムにこだわっているので、その理由を尋ねたところ、「このフィルムは、重い岩は重く撮れるし、軽い布は軽く撮れますからね」という答えが返ってきたことがあります。そこで、そのフィルムを調べてみたところ、発色に使う銀塩の粒子が層状に重ねられているために、お互いが干渉しあい、その結果、全体としてバランスのとれた仕上がりになるらしいことがわかりました。レンズの解像度に関しても、粗いところから細かいところまで、一様に解像度が高いレンズで撮った写真は、鮮明ではあるけれども、硬い感じで、温かみに欠けます。しかし、人間の目の解像度にそって、細かいところの解像度が自然に落ちてくるように設計されたレンズで撮ると、中間色のコントラストがよく表現されるために、とても味のある作品に仕上がります。

自分の顔写真と自分の素顔はまったく別物で、自分の顔を自分自身で見ることは、不可能だということです。

では、極端な例ですが、自分の目が自分の顔から飛び出していって、向こうから自分を振り返って見ればいいのでしょうか。しかし、これは自己矛盾です。そこに見えるのは、目のない顔でしかありません。ですから、重ねて言いますが、私たちは、自分自身の顔を、直接、自分で見ることはできないということです。

それでは、自分を知る方法はないのでしょうか。

そのひとつの方法は、「環境」の中における「自分」の位置づけを、はっきりと知ることによって、「自分というものはこういうものらしい」ということを推測することです。その場合の、自分の周りの「環境」、自分を育ててきたであろう環境の中で、いちばん大きいものが「宇宙」という環境です。その宇宙をくわしく知ることによって、自分の存在とは如何《いか》なるものなのか、ということが見えてきます。

つまり、宇宙の研究とは、ある意味からすれば、「自分探しの旅」だといってもいいと思います。

## ★どこまでが自分か

ここで、空間の一部を占める「自分」とは、どの部分のことをいうのかについて考えておきましょう。

「私のからだ」、といえば、皮膚で覆われたものの内側だと思いたくなります。皮膚の外側、つまり隣にいる人までを含めて「私」だと考える人はいないでしょう。しかし、皮膚で覆われた部分だけで、「私」という存在が完結している、とは思えない状況があります。

私が、私であるためには、私の脳の中に集積されている記憶や思考があって、はじめて私であるといえるでしょう。たとえば、昨日はこんなことをした、明日はこうしよう……というような過去の記憶や、過去の経験に基づく未来への願望が、脳の中に残っていて、はじめて、私が私であるという現実がつくり上げられています。しかも、その記憶や思考は、自分ひとりのものではなく、昨日、経験したことであれば、それに関わったものごととか、人物がいたからこそ、その記憶があるわけですから、脳の中の世界は、自分の体の外に存在するものまでを広く包括しています。それは、この皮膚に覆われた物理的な物体が私である、ということを超えて、自分をとりまく、環境全体もまた、私を構成する要素になっているということです。

このような視点に立てば、私を私にしているものは、自分以外のすべてのものであり、それは、あらゆる全世界、宇宙にまで及んでいると考えても、間違いではありません。私たち人間にだけ許されている思考する能力に目を向けるならば、自分という存在は、あらゆる外界との相互作用の中にこそあるのであって、決して、独立した自分が存在しているのではないということです。

別の表現をすれば、自分というものと、それをとりまく外界、環境としての宇宙は、「相互依存」しているということです。

しかし、自分と宇宙全体は、そっくり同じものではありません。つまり、この両者は、同一ではないけれども、意味上、独立した存在ではないということです。仏教の言葉を使えば、両者は、切り離すことができないという意味において、「縁起」の関係にあるといってもいいでしょう。

## 月天子

私はこどものときから
いろいろな雑誌や新聞で　幾つもの月の写真を見た
その表面はでこぼこの火口で覆はれ　またそこに日が射してゐるのもはっきり見た
后《のち》そこが大へんつめたいこと　空気のないことなども習った
また私は三度かそれの蝕を見た
地球の影がそこに映って　滑り去るのをはっきり見た
次にはそれがたぶんは地球をはなれたもので
最后《さいご》に稲作の気候のことで知り合ひになった　盛岡測候所の私の友だちは
――ミリ径の小さな望遠鏡で　その天体を見せてくれた
亦《また》その軌道や運転が　簡単な公式に従ふことを教へてくれた

しかもおゝ　わたくしがその天体を月天子と称し
うやまふことに遂に何等の障りもない
もしそれ人とは　人のからだのことであると
さういふならば誤りであるやうに
さりとて人は　からだと心であるといふならば
これも誤りであるやうに
さりとて人は　心であるといふならば
また誤りであるやうに

しかればわたくしが月を　月天子と称するとも
これは単なる擬人でない

この「月天子」という詩は、宮沢賢治（一八九六～一九三三）の作品です。有名な「雨ニモマケズ」が書かれた手帳と同じ手帳に書き遺されています（注：手帳は宮沢賢治の遺品のひとつ。「雨ニモマケズ」は昭和六年十一月三日に書かれたとされ、詩に因んで「雨ニモマケズ手帳」と呼ばれている。引用は、ちくま文庫『宮沢賢治全集10』による）。

賢治はこの詩の中で、まず月という天体の物理学的な側面、すなわち表面の様子や、運動物体が従う力学の法則にそって、月が動いていることなどを知っていると言います。つまり、その実体を科学で検証できる物質的存在であることを充分知っていながら、それを〝月天子〟と呼んで手を合わせたくなることに、なんの差し障りもないだろうと語っています。なぜかと言えば、人間は「からだ」であるのでもなく、「からだと心」であるのでもなく、「心」そのものでもないのだから、月を〝月天子〟と呼ぶことはただの擬人でない（なにごとかである）と締めくくっているのです。「自分」と「自分の周りの宇宙」との関係を示唆する、大変興味深い内容です。

# アリくん

アリくん　アリくん
きみは　だれ
にんげんの　ぼくは
さぶろうだけど
アリくん　アリくん
きみは　だれ

アリくん　アリくん
ここは　どこ
にんげんで　いえば

**にっぽんだけど**
**アリくん　アリくん**
**ここは　どこ**

（理論社『まど・みちお全詩集』より）

これは「ぞうさん」「やぎさんゆうびん」などで知られる、日本を代表する現代の童謡詩人、まど・みちおさんの詩です。

この詩では、アリに対して〝アリ〟と名づけたのは人間の身勝手であって、アリにとっての自分とは何か、そして、ここは日本だと決めつけたのも人間の一方的な見方であって、アリ自身にとっての〝ここ〟とは〝どこ〟なのか、という根源的な命題を投げかけています。

アリを「私という人間」におきかえると、まさに、宇宙研究の目的そのものになります。人間にとっての宇宙研究の目的とは、実のところこの二つの問いかけ、すなわち、「私は誰なのか」、そして「ここはどこなのか」という命題への答えを求める旅だといえるでしょう。

ここで思い出すのが、パリ生まれの画家、ポール・ゴーギャン（一八四八〜一九〇三）が、死を決意した一八九七年、モデルも下絵もなしに、自分の芸術的遺書として、いっきに書き上げたという畢生の大作の表題です。

D'où venons-nous ?（われら何処より来るや？）
Que sommes-nous ?（われら何者なるや？）
Où allons-nous ?（われら何処へ行くや？）

これらの命題は、古今東西、時間、空間を超えて、人々の中で熱く燃え続けてきた「問いかけ」だったようです。

# 2

# 宇宙研究からわかった三つのこと

## ★宇宙誕生の秘密に迫る

前の章では、「宇宙の研究が目指すこと」は、「私たちとはいったい何者なのか」という「自分探しの旅」だということをお話ししました。この章では、宇宙の研究からわかったこと、三つについてお話しします。

まず、第一番目は、壮大な物質循環としての星と生命、言い替えれば、すべての物質は循環していて、「すべては、ひとつのものから始まった」ということ。その〝たまゆら〟のひとときとして、たまたま、生まれたのが人間であり、今、あるような「かたち」として存在している、ということが、証明可能な科学的事実としてわかったということです。

具体的にいえば、それは、NASA（米国航空宇宙局＝National Aeronautics and Space Administration）が打ち上げた、〈ダブルマップ（WMAP＝Wilkinson Microwave Anisotropy Probe）〉と呼ばれる探査機による「宇宙背景放射」の観測によって、もたらされた結果です。

第二次世界大戦中から戦後にかけて、アメリカのベル研究所にいたペンジャスとウィルソンは、電波通信の研究をしていました。主として、戦時下のレーダーの基礎技術に関わる国家プロジェクトでした。ところが、信号がなくても、どこからともなく雑音が入ってきて、それがどうしても除去できず、雑音の原因もまったくわからない状況が続いていて、アンテナを含めた周辺機器に問題があるのではないかと徹底的に調べたところ、アンテナの中に鳩が巣をつくっているのを発見しました。

これが雑音の原因だと思って、巣を取り除いてはみたものの、依然として、雑音が聞こえてくるのです。しかも、宇宙のどちらを向けても同じように聞こえてくる謎の電波でした。そして、この宇宙から飛来する雑音こそが、宇宙が爆発するようにしてできたときの残り火の電波雑音だった、ということがわかるのは、ずっと後年、一九六五年のことでした。いわゆる「ビッグ・バン宇宙論」です。

この考え方は、アメリカの物理学者ガモフが、一九四六年に仮説として提唱していたのですが、それが、検証されたということだったのです。この残り火の電波を、「宇宙背景放射」と呼んでいます。背景というのは、宇宙空間のあらゆる方向から飛来する電波だからです。

この「宇宙背景放射」について、NASAが本格的に観測を行なったのは、一九八〇年代末に宇宙空間に打ち上げた探査機、〈コービー（COBE＝Cosmic Background Explorer)〉でした。〈コービー〉によって、「宇宙背景放射」は、宇宙創生の時の大爆発、すなわち「ビッグ・バン」の残り火だということが確信されたのです。それは、全天から飛来する電波の強さが一様ではなく、わずかの変化があって、その変化が、現在の宇宙の大規模構造をつくるきっかけとなっている、という証拠を示していたからです。言い替えれば、初期の銀河の種をまいた、ということですね。その変化量は、ほぼ一〇万分の三くらいで、たとえて言えば、太平洋の最深部で三ミリくらいの波が起こるくらい、極めて微少な強度変化が、電波の中に見つかったわけです。

この研究をさらに精密に推進していったのが、二〇〇一年に打ち上げられた〈ダブルマップ（WMAP）〉でした。

これらの観測衛星から送られてくる電波の分布の中に、わずかな変化が発見されたことが突破口になって、宇宙誕生の秘密に大きく迫ることができるようになりました。つまり、観測された電波分布をもとにコンピューターシミュレーションを行なった結果、現在、観測されている銀河の大規模構造とぴったり一致することが、わかったのです。それは、「宇宙のはじまり」について、実証可能な理論をつくる上で、エキサイティングな出来事でした。

さて、この微小な変化のことを、「ゆらぎ」と呼んでいます。きちんと言えば、ある物理的な量が、平均値の周りで、ゆらゆら変化している状況のことを指しています。たとえば、気温は二十度だといっても、それは平均値のことで、細かく見れば、その平均値の周りで、ゆらゆら変化しているでしょう。

## ★何もないところから始まった宇宙

〈コービー〉や〈ダブルマップ〉によって、宇宙初期の残り火の「ゆらぎ」が発見されたということは、宇宙のほんとうの始まりは、全く均一だったと考えてもよいということを意味しています。そのごくわずかな「ゆらぎ」から、初期の銀河や星が生まれたと考えられるからです。

私たちが、あるものごとの始まりを考えるとき、いつも、そのきっかけとなる原因を探ります。しかし、その原因がわかったとしても、その原因を生み出すきっかけとなったその前の原因が、気になります。ということは、本当の始まりを論じることは、結局、堂々巡りになってしまい、途中でうやむやになってしまいます。ほんとうの始まりとは、一体何なのか？　原因もなく、さりげなく始まるということが可能なのか？……という哲学的な問題にまで発展してしまうくらい、「始まり」についての論議は、難しい問題を根源的にはらんでいます。

この問題に一応の決着を与えたのが、均一な状況から、わずかな「ゆらぎ」によって誕生したという考え方なのです。

なぜならば、（あとでお話ししますが）均一で、「ゆらぎ」がないという状態は、私たちには認識できない状況ですから、何もないところからの誕生というシナリオには、ぴったりだったのです。

付け加えておきますと、この「ゆらぎ」という性質は、原子から分子を形成したり、それらが安定して存在するためには是非とも必要な宇宙の根源的性質であることが、原子、分子の研究からもわかっています。「量子力学」とよばれる物理学の分野で、基礎となる考え方です。

ここで思い出すのが、紀元前一二〇〇年くらい前に書かれたとされるインド最古の古典、「リグ・ヴェーダ」第十巻第一二九歌でうたわれている「ナーサッド・アーシーティア（nāsad-āsitia「無もなかりき」の意味）讃歌」です。

「そのとき（太初において）無もなかりき、有《う》もなかりき。空界もなかりき。その上の天もなかりき。何ものか発動せし、いずこに、誰の庇護の下《もと》に。深くして測るべからざる水は存在せりや。

そのとき、死もなかりき。不死もなかりき。夜と昼との標識（日月・星辰）もなかりき。かの唯一物（中性の根本原理）は、自力により風なく呼吸せり（生存の徴候）。これよりほかに何ものも存在せざりき」

（辻直四郎訳より）

と、記されています。

すさまじい表現ですね。「無」さえもなかった。ということは、「無」の反対概念である「有」もなかった。古代インドの賢人たちは、なんとかして、ほんとうの始まりについて語りたかったのでしょう。

実は、この部分を、現代宇宙論の立場から読み解いてみると、とても興味深いものが見えてきます。それは、「宇宙は何もないところから始まった」ということを、巧みに表現しているからです。つまり、「何もない」とはどういうことなのか、という根源的問いかけに、ある示唆を与えています。

それは、私たちの認識を超えた状況こそが、「何もない」という状況であり、そのことが、「ほんとうの始まり」だといっているのです。

考えてみれば、今、私たちが、宇宙のことをあれこれ考えているのは、私たちの脳が、そう考えているのであって、脳の認識とかけ離れた客観的実体があるかといえば、それを証拠立てることは難しいのです。となると、脳が論理的に認識できない状態から、脳が認識できる状態へ転移したときが、「始まり」だというふうに考えることが可能になります。そのことを理解しやすくするために、脳による認識のメカニズムについて、少しお話ししましょう。

## ★脳は対象物の変化で認知する

人間の脳は、知覚しようとする相手を、その変化を通して認識します。たとえば、私たちが、あることを学んだり、記憶したりするプロセスは、脳の中で、どこかの細胞が変化したということです。この本を読んでくださっているみなさんも、この本を読む前と読んだあととでは、脳の中の細胞の配列は、いろいろな意味で変わっているのですね。つまり、「変化」ということが、認識の始まりでもあるわけです。

それに加えて、私たちの脳は、対象物が一様で、まったく変化しない場合には、その対象物の存在を意識できません。たとえば、耳鳴りのような音でもずっと聞き続けていると、いつのまにか馴《な》れてしまって、気にならなくなります。言い替えれば、一定の音が鳴り続けるだけでは、音楽にはなりません。音楽であるためには、音の高さや長さ、あるいは、リズムや強弱の変化がなければなりません。

香りもそうですね。いつも、同じ香りの中にいると、その香りに気づかなくなります。それぞれの家には、それぞれの香りがありますが、ずっと、その家に住んでいるとわからなくなります。しかし、何年かぶりでその家に戻ると、なつかしい香りとして、感じるでしょう。数学的な表現をすれば、私たちの脳は、対象物の変化、つまり「微分量」で認知しているということですね。

そこでたとえば、厚みが一定で、しかも、一様に磨かれたきれいな窓ガラスがあったとしましょう。その窓ガラスを通して見る外の景色は、窓ガラスがないときと同じように、きれいに見えます。しかし、ガラスの厚みが一定でないと、それを通して見える外の景色は、歪んで見えます。あるいは、磨かれた面の一部が汚れていると、ガラスの存在に気づきます。窓ガラスそのものに由来する変化量、つまり、「ゆらぎ」によって、私たちは、窓ガラスがあることを認識できるのです。

少し怖い話ですが、ヘビが舌を出して動かすのは、周囲の温度変化を探っている仕草で、獲物が発する赤外線の変化を検知しているのだそうです。ですから、毒ヘビにねらわれたら、動かずにじっとしていることが安全につながります。赤外線を出している獲物が動けば、その変化を検知して、その方向へ飛び掛ってくるからです。

## ★「無」の状態に起こった「ゆらぎ」とは

宇宙の始まりに、話を戻しましょう。

もし、最初の状態が、完全に一様で、ある意味では、何のでこぼこもなく、〈のっぺらぼう〉の状態であったとすれば、それは、私たちの認識の彼方にあって感知できない状況です。つまり、それが、何かが生じる前の状態であると考えられます。そこに、何らかの原因で、「ゆらぎ」が生じて、一様性からの「ずれ」が生まれると、私たちの検知できる状態となり、「何かが生まれた」ということになります。この「最初の一撃」が、なぜに起こったのかという議論は、科学の限界を超えていますから、ある意味では〝神さまの仕業〟だといっても、いいのかもしれませんね。

このように一様な状態の宇宙に、ある時期に、いわば〈宇宙の種〉がまかれたという痕跡が、宇宙背景放射の中に見られる電波強度の「ゆらぎ」だったのです。すでにお話ししましたように、ここでなぜ、「ゆらぎ」が生じたのかという理由についてはわかりませんが、ただひとつ言えることは、理由はわからないけれども、「ゆらぎ」なしでは、物質の進化は何ひとつ起こらなかったことを数学的に示すのは、それほど難しいことではないということ。敢えて言ってしまえば、そういう「ゆらぎ」があったからこそ、この宇宙が存在しているのだ、としか言いようがありません。

たとえば、Aという粒子とBという粒子がいっしょになって、新しい粒子Cができる場合には、AとBが互いにキャッチボールのように、ある粒子を交換し合うことによって可能になることが、現代物理学では示されています。その典型的な例が、日本の理論物理学者、湯川秀樹博士によって、一九三五年に予言されていた中間子です。原子核を構成している素粒子たちが、なぜ結合しているのかを解く鍵になった粒子で、その二年後に、アメリカの物理学者アンダーソンたちによって、その存在が宇宙から降りそそぐ宇宙線の中に確認されました。

こうして考えてくると、「すべては〈無〉から始まった」という風景が、目に見えてきます。しかも、その始まりは、〈無〉の状態に起こった「ゆらぎ」であったという考え方のイメージもわいてくるでしょう。私たち人間を含めた生物たちの認識は、すべて、「ゆらぎ」という現象を通して可能になっているのです。

たとえば目の手術で、光を検知する視神経の一部の動きを止めると、視力が一時的になくなると言われています。視神経は、ゆらゆら動きながら鮮明な画像を捉《とら》えているらしいのですね。このことは、たとえば望遠鏡で惑星などを見るときに、望遠鏡越しに撮った写真よりも、肉眼で見た方がはっきりと見える場合が多いこととも、関わっているように思います。というのは、私たちの目は、ゆらゆら動きながら、鮮明な画像をつくり出しているからです。それは、ゆらゆら揺れている映像を、平均化しながら重ね合わせ、それによって雑音を平均化して消去し、その結果、鮮明な画像を合成しているということなのでしょう。

　このように、「宇宙の始まり」の証拠となる「ゆらぎ」を観測したのが、この章の初めにお話ししたNASAの観測衛星〈コービー〉と〈ダブルマップ〉だったわけですが、それらの観測データをもとにして、私たちの宇宙は今から百三十七億年前の遠い昔に、「無に生じたゆらぎ」から爆発するかのように誕生したことが、はっきりしたわけです。今までは、推測でしかなかった宇宙の始まりについて、このように、科学的な立場から論じられるようになったのは、ここ数年の成果です。

　それでは、一様性からの「ゆらぎ」による「ずれ」が、ものごとを新しいステージへと誘うことの例をもうひとつお話ししておきましょう。

　舞台は、丸い食卓を囲んでいる数人の人たち。まさに料理を楽しもうとしている場面を想像してください。ナイフとかフォークなどは規定の位置に置かれているので、着席している人にとって、どれが自分用のものであるのかは一目瞭然です。しかし、自分から見て、水が入ったコップは左右対称に置かれていて、どちらが自分用に置かれたものであるか判別に困って手を出せないでいる状況にあるとします。そこで、ある人が思い切って、自分の左側にあるコップに手を出したとすれば、その瞬間に、他の人も、自分のコップは、自分から見て左側にあるものだということがわかり、すべてのコップの所属がはっきりします。つまり、食事が始められるわけです。

ここで、「はじめの状況」とは、すべてが一様で、対称的で、何も起こらない状態です。そして、ひとりの人が、左のコップに手を出すという行動で、全体のバランスを崩します。

これが「ゆらぎ」です。数学の言葉を使えば、宇宙の創生とは「対称性の崩壊」。つまり、「ゆらぎ」によって対称性が崩れて、非対称になることなのです。

## ★胎内での一週間は地球の歴史の一億年

ここで、少しだけ、中休みしましょう。

先日、私が行なった小学生向けの授業のお話です。テーマは、「人はなぜ、まばたきをするのでしょうか」。

答えは、「人間は昔、魚だったから」です。

「え？」と思われたみなさん、私たちが瞬《まばた》きするのは、目の表面を涙で濡らさないと、乾いて痛くなるからでしょう。その一方では、魚は瞬きをしませんね。それは、魚は水の中にすんでいて、いつも目が濡れているからです。瞬きで目を濡らす必要がないからです。

そこで、一足飛びの議論になりますけれども、私たち人類は、水の中から出てきたから、瞬きをして、目を濡らさないと痛くなるのではないか、と考えてもおかしくないでしょう。

事実、人間の赤ちゃんが、お母さんの胎内にいるときに注目してみると、受精後三十二日目の赤ちゃんの映像は、まるで「魚類」です。古代の軟骨魚類、たとえば、サメのエラのような形が見えています。それから四十八時間、つまり二日間たつた三十四日目になると、鼻がすぐ口に抜けるような両生類の姿になります。これは、水から陸に上がる準備をしているようにも見えます。さらに四十八時間たって、三十六日目になると、原始爬虫《はちゅう》類のような顔になり、三十八日目には、「のど」のような器官が形成されはじめて、肺で呼吸する原始哺乳類を想わせる姿になり、それから四十八時間たって、四十日目になると、ようやく人間に似た姿になります。

みなさんもご存じのとおり、赤ちゃんが、お母さんの胎内で過ごす期間はおよそ、三十八週。その一方では、地球上で「いのち」が生まれてから、今までざっと三十八億年。となると、お母さんの胎内での一週間は、地球の歴史の一億年に相当することになります。ここに、無生物と生物の大きな違いがあります。生きているということは、ものすごいことなのですね。

考えてみれば、私たちは、お母さんの体の中では魚として過ごし、出産のときには、魚であることをやめて、人として生まれ変わるということです。ですから、出産の時に、元気のよい泣き声をあげないと、肺の中にたまった羊水を外に出せないので、死んでしまいます。まさに、魚から、人間への命の移しかえ、進化を見る思いがしますね。これが、理科や算数を使いながら私が行なう「いのち」の授業です。

私たちの体を含めて、魚も樹木も、燃えると黒くなります。これは、生物のもとが炭、すなわち炭素と深く関わっていることを物語っています。しかし、この炭素が、ある特別な構造になるように結合すると、ダイヤモンドになります。ということは、炭素の組み合わせ方の違いが、あなたになり、この本になり、そしてダイヤモンドにもなっているというわけですね。

そして、私たちが一生を終えた時、私たちの体を構成していたすべての物質たちは、再び小さな粒子となって地球に戻り、数十億年後に、太陽が地球をのみ込むほどに大きく膨張すると、宇宙の霧となって、宇宙に戻ることになります。

私たちの存在は、このような広大無辺な宇宙進化の中の、物質循環のひとこまだということなのです。

## ★すべては互いに関わりあっている

次は、宇宙研究からわかった、第二番目のことについてのお話です。

第一番目が、「すべては、ひとつのものから始まった」ということでした。そうであれば、すべては、ひとつのものから、枝別れして生じてきたということですから、「すべては互いに関わりあっている」ということが言えるでしょう。これが、宇宙研究からわかった第二番目のことです。

ひとつの例でお話ししましょう。

あなたが今、読んでいるこの本、それは紙でできています。その原料は、樹木でしょう。その樹木が育つためには、太陽の光と水が必要でした。その水は雨がもたらしたものです。雨を降らせるには雲が必要です。そして、雲は、太陽のエネルギーが地上の水を蒸発させてつくったものです。……このように考えていくと、あなたが手にしている本の一ページにそっと耳を寄せると、そこに、樹木のそよぎや雨の音が聞こえるといっても、単なる詩人の幻想だとは言い切れなくなります。一枚の紙の中に、宇宙の歴史そのものが、見え隠れしているということですね。

もうひとつ、お話を付け加えておきましょう。

私たちは空気を吸って生きています。それは、空気中の酸素を身体に採り入れて、活動して、その結果、二酸化炭素を息として吐き出すプロセスなのですが、その二酸化炭素をもとの酸素に戻す何かがなければ、世の中は二酸化炭素だらけになって、人間は滅びてしまいます。

実は、その二酸化炭素を酸素に換えてくれるのが、樹木です。見方を変えると、私たちの身体の中には肺という臓器があって、空気中の酸素を血液にとり入れ、血液を通して、二酸化炭素を外に出す働きをしています。この臓器と反対の機能をする「交換器」が樹木である、と考えれば、極端な言い方ですが、私たちには、身体の中と、身体の外と、それぞれ「二つの肺」があると考えても、科学的にはなんら差し障りもないといえるでしょう。

そのような考えをさらに進めていけば、木を切るということは、あなたの体の外にある「もうひとつの肺」を切ることですから、それは、とりもなおさず、あなた自身の体を傷つけることであるといっても言い過ぎではありません。

つまり、私たちが生きているということは、「すべてが関わりあっている」ことの結果であり、それは同時に、ひとりで生きているのではない、ということの証《あかし》だともいえます。そして、ひとつの命が、次から次へと移しかえられていくプロセスこそが、人が生きているということの意味だともいえるでしょう。


ここで、ひとつの小さなお話を紹介しておきましょう。

# 去年の木

いっぽんの木と、いちわの小鳥とはたいへんなかよしでした。小鳥はいちんちその木の枝で歌をうたい、木はいちんちじゅう小鳥の歌をきいていました。

けれど寒い冬がちかづいてきたので、小鳥は木からわかれてゆかねばなりませんでした。

「さよなら。また来年きて、歌をきかせてください。」

と木はいいました。

「え。それまで待っててね。」

と、小鳥はいって、南の方へとんでゆきました。

春がめぐってきました。野や森から、雪がきえていきました。

小鳥は、なかよしの去年の木のところへまたかえっていきました。

ところが、これはどうしたことでしょう。木はそこにありませんでした。根っこだけがのこっていました。

「ここに立ってた木は、どこへいったの。」

と小鳥は根っこにききました。

根っこは、

「きこりが斧《おの》でうちたおして、谷のほうへもっていっちゃったよ。」

といいました。

小鳥は谷のほうへとんでいきました。

谷の底には大きな工場があって、木をきる音が、びぃんびぃん、としていました。

小鳥は工場の門の上にとまって、

「門さん、わたしのなかよしの木は、どうなったか知りませんか。」

とききました。

門は、

「木なら、工場の中でこまかくきりきざまれて、マッチになってあっちの村へ売られていったよ。」

といいました。

小鳥は村のほうへとんでいきました。

ランプのそばに女の子がいました。

そこで小鳥は、

「もしもし、マッチをごぞんじありませんか。」

とききました。

すると女の子は、

「マッチはもえてしまいました。けれどマッチのともした火が、まだこのランプにともっています。」

といいました。

小鳥は、ランプの火をじっとみつめておりました。

それから、去年の歌をうたって火にきかせてやりました。火はゆらゆらとゆらめいて、こころからよろこんでいるようにみえました。

歌をうたってしまうと、小鳥はまたじっとランプの火をみていました。それから、どこかへとんでいってしまいました。

これは、「ごん狐」「手袋を買いに」などで知られる童話作家、新美南吉《にいみなんきち》(一九一三〜四三)が書いた、私が好きな作品の中の一篇です。私たちの身の周りにあるものが、互いに関わりあい、ときには、姿を変えながらも、脈脈と続いている姿を、やさしく、しかも感動的に描いています。とくに最後は、物質ではなく、〝光というかたち〟になって、人々を照らしているという視点が、素晴らしいですね。

ここで思い出すのが、童話〝星の王子さま〟で知られるサン=テグジュペリ(一九〇〇〜四四)の言葉です。

「光が美しくあるためには、なにを燃えあがらせているかを識っていなければならない。」(「城砦」より)

## ★相反する性質の均衡

それでは、宇宙研究からわかった第三番目のこととは、何でしょうか。

それは、「ものごとはすべて、相反《あいはん》するものがバランスをとりながら存在している」、つまり「対極のバランス」から成り立っているということです。言い替えれば、「助けあう関係と向きあう関係のバランスから成り立っている」ということです。引力と反発力の関係、と言ってもいいでしょう。世の中は、相反する性質の均衡の上に成立しているということですね。

今、あなたが床の上に立っているとします。地球が引っ張っているから、床の上に立っていられるのでしょう。とすると、あなたは、なぜ、地球の中心まで落ちていかないのでしょうか。それは、あなたを地球の中心に向かって引っ張りおろそうとしている地球の引力と同じ大きさで、しかも、方向が反対向きの力が、床からあなたに働いていて、バランスを保っているからです。

つまり、あなたを地球中心に向けて引っ張りおろそうとする力と、その力に反抗して、床があなたを押し返そうという力、上向きの力と下向きの力とが釣りあって、静止しているのです。あなたがここに立っていられるという事実の裏には、二つの反対の性質をもつ力のバランスがあります。

いくつかの原子が集まって分子ができるのも、星が丸くなるのも、すべて、相反する性質の均衡によってもたらされています。雷が鳴るのにも理由があります。宇宙からは、いろいろな粒子が飛んできて、それらが、地球の周りにある空気に衝突して、空気の中の窒素分子や酸素分子をイオン化します。

つまり、プラス電気を帯びた粒子とマイナス電気を帯びた粒子に分けてしまいます。この傾向が強くなると、同種類の電気同士の間に強い反発力が働いて、地球さえも壊しかねない状況になってしまいます。そこで、電気を中和するために起こる放電現象が雷です。

親鸞《しんらん》の言説を伝える「歎異抄《たんにしょう》」の中に、こんな一節がありました。

「善人なをもて往生をとぐ、いはんや悪人をや。」

ここで言われている「善」と「悪」とは、どういう意味でしょうか。状況によっては、「善」、「悪」が入れ替わってしまうことさえあります。

ある小学校でこんな話がありました。「よいことが、悪いことになる例をあげてごらん」という課題に対して、ひとりの女の子が、こう答えたのです。

「私のお母さんは、たくさん本を読みなさいと言って、本を買ってくれます。だから、本を読んでいると、お母さんはいつもうれしそうにしています。ある日のこと、二階で本を読んでいたら、下から、『お母さん、今忙しいから、ちょっとお手伝いして』、という声がしました。」

女の子は、お母さんにとってよいことであるはずの本を読んでいる。そのときに手伝いをしてと、お母さんは言った。二つの選択肢がありますね。ひとつは、お母さんにとって「善」であるはずの本を読んでいるのだからと言って、手伝いを「悪」として断わる。もうひとつは、お母さんにとって「善」であるはずの本を読んでいることを、この場合は「悪」とし、お母さんの手伝いを「善」として考え、階下に下りていく。この女の子は、「善」と「悪」とが入れ替わってしまう、ということを見事に説明してくれています。

## ★プラスの電気とマイナスの電気の量はぴったり同じ

呼吸というものを考えてみてもそうですね。息を「吸う」ということに対して「吐く」ということ。吐かなければ、吸うことはできないし、吸うだけでは生きていけません。

私たちは生きている長い間にいろいろな知識を得ていきますが、知っていることは惜しまずに吐き出して、知らない人に提供していかなければならない、ということでしょう。また、そうすることで、こちらも、新たな学びを得ることもできます。「学ぶ」ことと「教える」こともバランスでしょう。生かし、生かされる、ということも、同じことです。光と陰も同じです。すべて光だけだったら、「モノのかたち」を見ることはできません。陰があってこそ見える。

宇宙の中に存在する電気の量も、プラス電気とマイナスの電気の量はぴったり同じです。もしどちらかの電気の量が多いと、その余った電気は同じ符号ですから、反撥しあって、宇宙は、たちどころに壊れてしまいます。宇宙が壊れずに、その姿を保っていられるのは、プラスとマイナスの電気の量が同じだからです。

また、何かが「完成」に向かう道、というのは、逆に見れば「破壊」への道だともいえるでしょう。新しいピアノはなかなかよい音が出ません。これをどんどん弾き込んでいくと、よい音が出るようになります。これは、ピアノが摩耗していくプロセスを通して、よい音がつくられていることを物語っています。エンジンでもそうですね。新しいエンジンは硬くて、回りが悪いですね。少しずつ磨耗していくことで、スムースに快適に回るようになります。使い込んでいくということは、「滅亡」への道であると同時に、「完成」への道でもあるわけです。それらはひとつの現象の裏と表であり、ある意味で仏教的な考え方と相通ずるものがあります。

## ★それぞれの時代に値する何かが必ずある

私たちが年を重ねる、ということにも、同じことがいえそうですね。年をとるのは

「老化」であり、それは、死というゴールを目指しての道のりなのですが、年を重ねることによって、初めて見えてくるもの、そして体得できるものがあるでしょう。誤解を恐れずに言ってしまえば、人生には、賞味期限などというものはなく、それぞれの時期において、その時期であることのメリットがあるように思います。

室町時代の〝能〟の大成者、世阿弥《ぜあみ》が、「風姿花伝《ふうしかでん》」の中で「時分《じぶん》の花」として強調していることも、そのことでしょう。

芸事でいえば、それぞれのことを学ぶべき、最も適当な時期があるということでしょうが、私たち一般人にとっては、何かを「学ぶ」ことに、必ずしもそのときでなければならないという時期が存在しているわけではなく、「学びたい」というときが、その人にとって学ぶためのベストの時期だと思います。

ただ、人間としての基本的な躾《しつけ》などという面においては、それを身につけさせる時期というものがありますが、これは、純粋に生物学的見地に基づいての最適な時期ということです。結婚適齢期にしてもそうですね。生物学的な生殖という面では確かに適齢期はありますが、必ずしもそれだけが、人生のすべての目的ではないでしょう。私たちには、それぞれの時代に値する何かが、必ずあるはずです。

## ★文脈全体が見えにくくなっている現代

ところで、このバランス感覚を通して全体を融合させて認識しようというのが、「中庸」という考え方です。

元々、古代インドの思想家、ナーガールジュナ（龍樹）が、「中論」として論じている考え方です。ここでいう「中」とは、どちらつかずということではなく、相反する事柄から共通項を抽出し、新しい考え方の枠組みをつくることです。因数分解のようなものですね。

たとえば、人は、正義のためだと信じて戦います。しかし、相手側からみれば、それは邪悪の闘争かもしれません。加害者、被害者という区分けも、ある特定の枠組みの中だけで意味をもつのであって、本当の中身は曖昧《あいまい》です。人を保護するための法律を笠に着て、相手を一方的に攻めまくるという行動が、法律によって正当化され、善悪の判断が逆転する事例も、あとを絶ちません。

実は、この「中庸」という考え方を支えている背景には、ある出来事をひとつの大きな流れの中のプロセスとして捉《とら》えていこうという姿勢があります。たとえばひとつの言葉でも〝何と言ったのか〟よりも、〝何を言いたかったのか〟が重要です。〝バカだね……〟というひとことでも、軽蔑的に言われたのか、愛情表現のひとつとして言われたのか、文脈によって意味は大きく違ってくるでしょう。その判断の基礎になるのが、教養によって育まれる常識です。

現代社会の危機は、まさに、文脈の中で現象を捉えるという常識の欠如にあるように思えてなりません。背景には、インターネットなどを通じての情報収集が簡単になったために、さまざまな場面で、文脈全体が見えにくくなっていることがあります。相手との充分なコミュニケーションなしに、自分に都合のよい文脈をつくり上げる傾向を生み、その結果、情報過多の裏返しとして不確かな情報に煽動され、一方的に相手を攻撃する事態を招いてしまっています。これは、現代の迅速な情報収集手段がもたらす危険な一面です。

さて、宇宙の研究から何がわかったのかというところからはじめて、多岐にわたるお話をしてきました。こうして考えてみると、宇宙の研究というものが、いかに、私たちの日常生活と密接な関係にあるかが、見えてきますね。宇宙のことが、少しだけ、みなさんにとって身近なものに感じられるようになっていただけたと信じて、この章をひとまず終えることにします。

# 3

# 神話の中に見える宇宙観

## ★宗教に根ざす宇宙の創世神話

宇宙の始まり、という問題を考えるとき、世界各地に伝わる「神話」を無視することはできません。そして「神話」といえば、多かれ少なかれ、その背景には、宗教的な何かが色濃く潜んでいます。それは、まだ、現代のような科学がなかった時代、宇宙の始まりというような人類にとって最も根源的な問いかけに、初めて答えを与える役目を果たしたものが、宗教に根ざす宇宙の創世神話だったともいえるからです。このことを裏返して考えれば、現代の宇宙論といえども、それは、数学や物理学の言葉で縁取《ふちど》りされた、壮大な〝宇宙神話〟だということになるのかもしれません。

みなさんもご存じの通り、キリスト教では、「旧約聖書」創世記の冒頭に、宇宙創世の情景が書かれています（以下引用は、新共同訳『聖書』より）。

「初めに、神は天地を創造された。地は混沌《こんとん》であって、闇が深淵の面《おもて》にあり、神の霊が水の面を動いていた。神は言われた。『光あれ。』こうして、光があった。神は光を見て、良しとされた。神は光と闇とを分け、光を昼と呼び、闇を夜と呼ばれた。」

つまり、キリスト教では、宇宙のすべてをつくったのは神であり、したがって、神とは、宇宙の外、言い替えれば、空間と時間の外にいる存在です。

一方、仏教の源泉でもある古代インドの教えにおいては、第2章でお話ししたように、「無もなかった」ところから誕生したとされています。しかし、ここでも、姿は見えないけれども、〝かの唯一物〟としか言いようのない原理があったとされています。それは、私たちの認識を超えたところにある宇宙の意思のようなものというニュアンスで、敢えて言えば、これも第2章でお話しした、物理学でいうところの宇宙の根源的性質、「ゆらぎ」に相当するものと考えてもいいでしょう。

それにひき比べて、私にとって興味深いのは、日本の神道です。神道は、基本的には自然崇拝がその源で、いわゆる「アニミズム」に結びついているのですが、この「アニミズム」という言葉のもつ意味を、今日の科学の目からみて、もっともっと拡大解釈していった先に、現代宇宙論があるような気がしています。しかし、この「アニミズム」という表現は、とくに西欧諸国では、原始宗教、あるいは文明の前段階の信仰形式というように誤解されやすいことから、「スピリチュアリティ」と言い替えられているようです。ところが、日本では、この言葉が逆に、オカルト的な精神世界を表す言葉として使われる場合が多く、今までお話ししてきたような視点から自然と人間との関係を論ずるための、適当な言葉が見つからないのが現状です。

その「アニミズム」言い替えれば「自然崇拝」を根幹におく民族信仰として興味深いものが神道です。

元々、神道は、国家の歴史そのものと深く関わっていて、ある意味からすれば、大きな国民感情を代表するような思想だったともいえます。それが、第二次世界大戦の終結とともに、国家あるいは、政治色をもつ原理主義的な力をもつことが諸外国にとって怖れられ、それらを払拭することを目的として、国家とは切り離し、宗教の仲間入りを果たしたというのが妥当な見方でしょう。

## ★姿を見せない神

さて、神道は、日本の古典「古事記」や「日本書紀」に記されている歴史的神話が基礎になっており、そこには、ユニークな宇宙の創生物語が書かれています。まず、「古事記」によれば、日本の国は、

アメノミナカヌシノカミ（天御中主神）
タカミムスビノカミ（高御産巣日神）
カミムスビノカミ（神産巣日神）

と呼ばれる三柱の神によって、ひらかれたと書いてあります。

余談ですが、奈良県の古墳からは、当時の握り飯の化石が出てきていますが、なぜか三角形です。これは、カミムスビノカミにお供えをした名残とされています。「おむすび」の語源ですね。そういえば、伊勢神宮で奉納されるお塩も、三角錐の形をしています。

もちろん、これら三柱の神々の性別は明確にはされておらず、宇宙の中性的原理のような書き方です。しかも、この造化の三神は、まったく誰も姿を見たことがなかったと記されています。どうやら、〝ほんとうの始まり〟とは、私たちの認識を超えていることを匂わせているかのようです。実は、姿を見せない神というのは、この日本神話だけではなく、ユダヤ教、キリスト教の中でも描かれています。

たとえば、「旧約聖書」をひもといてみると、「出エジプト記（第二十章、第四節）」では、「あなたはいかなる像も造ってはならない」と、視覚に訴える神を禁じ、「申命記（第四章、第十二節）」には、「主は火の中からあなたたちに語りかけられた。あなたたちは語りかけられる声を聞いたが、声のほかには何の形も見なかった」というように書かれていて、神の存在とは「見えないもの」であり、沈黙の中から聞こえてくる声、つまり、見えない音を通してコンタクトしてくることが強調されています。

ヘブライ語で「闇」のことを「ホシェフ」といいますが、それは、隠れるための秘密の場所という意味でもあり、神の住処《すみか》という意味も含んでいます。神は、光の中にではなく、見えない闇の中に存在していると考えられていたようです。ユダヤの世界では、視覚よりも聴覚が重要であるとされていたようですね。

人類の進化の過程を考えたときに、たとえば、お母さんの胎内で、感覚器官の形成プロセスを調べると、視覚に比べて、聴覚の形成には何倍もの時間がかけられ、ていねいにつくられることがわかっています。おそらく、視覚は、状況を瞬時にして判断できる同時性というメリットを有していますが、聴覚は、時間の経過によって、時々刻々と変化するものごとの時系列を捉える機能ですから、論理的思考が可能になり、脳の中では、かなり高次な能力として位置づけられているためでしょう。

ここに、音楽というものがもつ力の意味があるのですが、くわしくは、あとの章でとりあげることにしましょう。

姿が見えない神によって創造されたという考えは、私たち人間にとっては、何もないところから生まれた、という意味で、宇宙の「無からの創生」を、想わせます。

## ★男性と女性の基本的な違い

さて、日本の創世神話では、次々と神さまが現われたのち、やがて、

イザナギノミコト

イザナミノミコト

という男神、女神が現われて、日本列島を形成する島々を産み落とします。

男神であるイザナギノミコトが「汝《な》が身は如何《いかに》か成れる」と問いかけると、女神であるイザナミノミコトが「吾《あ》が身は、成り成りて成り合はざる処一処《ところひとところ》あり」と答え、これに応じてイザナギが、「我が身は、成り成りて成り余れる処一処あり。この吾が身の成り余れる処を以《も》ちて、汝が身の成り合はざる処に刺し塞《ふさ》ぎて、国土《くに》を生み成さむとおもふ」と表明して、二神が結ばれ、国が生まれるのです（引用は『日本古典文学大系1』より）。

つまり男性と女性の和合、「和の心」から、誕生したことになっています。このあ

たり、「古事記」からは、何かなまめかしい香りが立ち昇ってきますね。

しかし、国々を生んだ後、女神イザナミノミコトは、ヒノカグツチノカミという火の神を産み、このときに火傷を負って命を落とし、黄泉《よみ》の国へと行ってしまいます。そのイザナミを恋い慕って、男神イザナギノミコトは黄泉の国へ訪ねていきます。

いつの時代にあっても、あきらめが悪いのは、男性のほうですね。平均的に見ると女性のほうは、案外あきらめが早い。これは、生物学的にいえば、女性は子孫をつくっていかければなりませんから、ひとりの男性をあくまで求め続ける余裕などない、ということなのでしょう。遺伝子を伝えるためには、子孫を育てる能力があるうちに、新たな男性を求めねばならないというわけです。

黄泉の国まで訪ねてきたイザナギに対して、イザナミは、「こんな醜い姿を見せたくなかった」といってひどく怒りますが、その気迫におされて、イザナギはほうほうの体で逃げ帰ります。「和の心」から発したはずの男神、女神の愛情が、このとき憎悪に転換し、亡妻への強い恋慕の情が、かえって怒りを招いてしまいます。

ここにも、男と女の基本的な違いが現われていて、学ぶべきところが多いですね。男性は、姿がどうあれ、どうしても会いたい、と言い、女性は、醜くなってしまった姿を見られることには耐えられないので、会いたくない、と言います。性差に基づく根源的な価値観の相違ですね。現代社会で声高らかに叫ばれている男女共同参画も、まず、性差ありき、というところから出発したいものです。

## ★神道の根底にあるものは「自然崇拝」

そこで、黄泉の国から逃げ帰ったイザナギは、「禊《みそ》ぎ」を受けます。行ってはならない国に出かけてしまった愚かな自分をかえりみて、身を清めるためです。

その時、左の目を洗って生まれたのが、アマテラスオオミカミ（天照大御神）、つまり昼の世界を司《つかさど》る神です。その孫がニニギノミコトで、ニニギノミコトは、アメノウズメノミコトや、先導役のサルタヒコを連れて「天界」からこの「下界」に降りてくる。ニニギノミコトの子が、有名なウミサチヒコ・ヤマサチヒコ（海幸・山幸）兄弟。そして、ヤマサチの孫が神武天皇……と、このように続いていきます。

ところで、イザナギが右の目を洗って生まれたのが、ツクヨミノミコト（月読命）。アマテラスオオミカミの昼の世界と相対する夜の世界を司る神です。

そして、鼻を洗うと、そこから生まれ出たのがスサノオノミコトでした。スサノオノミコトは、天界において乱暴狼藉をはたらきますが、おそらく、亡くなった母神、イザナミへの恋慕の情が、その原因だったのかもしれません。いっぽう、姉であるアマテラスオオミカミは、非常に気が強く、その結果、姉と弟はうまくいかなくなって、わがままなスサノオノミコトを天界から追放することになってしまいます。

ここでは、姉は「善」、弟は「悪」の象徴として描かれます。しかし、スサノオは、「悪」として追放されたというところで話が終わるわけではありません。「敗者復活」を果たします。出雲《いずも》国に降り立って、クシナダヒメを助けて結婚して、その子孫からオオクニヌシノミコト（大国主命）が生まれ、国づくりをしたということになっています。

西洋の神話では、こうした「敗者復活」はありません。復讐は復讐を生み、悲劇で終わります。日本の神話は、善と悪が入れ替わる事例が多く見られ、また、「禊ぎ」によって、すべてが許され、敗者が復活するというおおらかさが見られます。

前の章でお話ししたことですが、この世の中は、二つの相反する事柄のバランスからできています。昼と夜もそうですね。それは、生の世界と死の世界にも対応します。そのような視点から、一年に二度ある「彼岸」を見てみると、それは、昼の長さと夜の長さが同じになる日です。ということは、生きている人々が住む現世と、亡くなった人々が住む黄泉の国とが交流するのに、最も適した日であるともいえそうですね。「彼岸」という行事の原型が、ここにあると考えるのはいかがでしょうか。そこには仏教以前の、自然崇拝的なアニミズムがあるのではないか、と考えています。

このように、日本神話にその源泉をもつ神道には、いつも、おおらかな寛容さがあります。寛容さとは、「禊ぎ」（もしくは「祓《はら》い」）によって、今までの罪、穢《けが》れがすべて許されるということです。もちろん、ヨーロッパにも、カトリックの免罪符がありましたが、免罪符は、それを購入することで文字通り罪を免れる手段であって、禊ぎとは、全く性格が違います。神道における「禊ぎ」とは身を清め、心を正すということによって与えられる「ゆるし」です。

今までお話ししてきましたように、神道の根底にあるものは「自然崇拝」の心です。自然崇拝の基本は、「すべては仲間であって、持ちつ持たれつ」の間柄であることを認めることです。理想境を追い求めることよりも、まず、現世をあるがままに肯定的に受け入れるという考え方が基本です。言い替えれば、石でも木でも、現世秩序の中に価値を見出す智恵を求めることが、神道の基本にはあるように思います。それを育んだ素地は、豊かな森に恵まれた日本のマイルドな自然環境でしょう。森の中に静かにたたずむ神社の風情そのものが、生み出したのだと思います。

そうした環境から生まれた日本の神々は、火や水、石や草木に至るまで、我々の暮らしの中に宿っていますが、実は、似たような自然崇拝に根ざす信仰を受け継ぐ地域は海外にもあるようです。

## ★オジブエ族の女性祈禱師の話

北米五大湖のひとつ、スペリオル湖のほとりに、オジブエ族と呼ばれているネイティブ・アメリカンの人たちが住んでいます。その居住地の近くに、カナダ領サドバリーという街があって、この街で世界の子どもたちと一般市民を対象にして、宇宙についての講演をしたことがあります。実は、この街のシンボル旗は、流れ星です。地球が誕生して間もなく、ここに巨大隕石《いんせき》が激突し、その芯の大部分がニッケルを含んでいたために、この地は世界一のニッケル鉱山として潤ってきたからです。

さて、私の講演に、オジブエ族の祈禱師が聞きに来ていたことから、偶然にも彼らの居住地に招かれることになりました。そのときに、〈暁の星〉という意味の名前をもつ若い女性の祈禱師が、こんなことを話してくれました。

「あなたたち科学者は、私たちの命のもとは、はるか遠い昔に生まれたひとつぶの光で、そこから木になったり、魚になったり、いろいろな生き物になったりして、今、ようやく人間にまでなった、とおっしゃいました。けれども、私たちの考えはちょっとだけ違います。光から生まれたということは、とても素敵な考えだと思います。でも私たちは、まず創造主は、人をつくったと考えています。ところが、人だけだと生きていけないことがわかりました。日陰をつくる樹木や、食べることのできる魚も生きるためには必要です。そこで、創造主は、お前は木になりなさい、あなたは魚に、……というように、今ある自然の形に、みんなを変えたのです。だから、木も魚も石も水も、私たちの周りにあるすべては、もとは人間で、私たちの仲間なのです」。

とても、衝撃的な話でした。

つまり彼らは、周囲の自然は元々人間だったのだから、自然の声に耳をすますことで、人間はすべてのものと調和しながら豊かに生きていけると考えているようでした。この考え方は、物質から心へと向かう現代科学の思考とは逆で、いかにも逆説的に聞こえますが、よく考えてみると、自然界の理解は、それを認知できる心あってのことですから、「はじめは、すべて人間としてつくられた」というこの考え方を真っ向から否定することはできません。

同時に私の心に大きく響いたのは、日常のすべての出来事は、例外なく、創造主、つまり神の意思によるという絶対的信仰でした。それは、裏を返せば、現世の絶対的肯定です。彼らの自然崇拝の心は、一見相違するようでいて、森の中で育まれた日本の神々の教えと近いものがあるように感じています。

弘法大師空海《こうぼうだいしくうかい》に、日光二荒山《ふたらさん》を開いた勝道上人《しょうどう》を称《たた》える文章があります。その中で空海は、森を「人の世に比べるものがなく、天上の世界に匹敵する（人間《じんかん》に比《たぐ》ひなし、天上にむしろともがらあらんや）」とまで、賛美しています（「性霊集」より）。

郵 便 は が き

料金受取人払郵便

神田局
承認

7173

差出有効期間
2024年11月30日まで
（切手不要）

101-8791

535

千代田区外神田
二丁目十八―六

春秋社

愛読者カード係

＊お送りいただいた個人情報は、書籍の発送および小社のマーケティングに利用させていただきます。

| (フリガナ)<br>お名前 | 歳 | ご職業 |
|---|---|---|
| ご住所 〒 | | |
| E-mail<br>小社より、新刊／重版情報、「web 春秋 はるとあき」更新のお知らせ、イベント情報などをメールマガジンにてお届けいたします。 | 電話 | |

※新規注文書（本を新たに注文する場合のみご記入下さい。）

ご注文方法　□書店で受け取り　□直送(代金先払い) 担当よりご連絡いたします。

| 書店名 | 地区 | 書名 | |
|---|---|---|---|
| | | | |

購読ありがとうございます。このカードは、小社の今後の出版企画および読者の皆様とご連絡に役立てたいと思いますので、ご記入の上お送り下さい。

書　名〉※必ずご記入下さい

●お買い上げ書店名(　　　　地区　　　　　　書店　)

本書に関するご感想、小社刊行物についてのご意見

※上記をホームページなどでご紹介させていただく場合があります。(諾・否)

| ●ご利用メディア | ●本書を何でお知りになりましたか | ●お買い求めになった動機 |
|---|---|---|
| 新聞 (　　　) | 1. 書店で見て | 1. 著者のファン |
| SNS (　　　) | 2. 新聞の広告で (1)朝日 (2)読売 (3)日経 (4)その他 | 2. テーマにひかれて |
| その他 | 3. 書評で (　　　紙・誌) | 3. 装丁が良い |
| メディア名 (　　　) | 4. 人にすすめられて | 4. 帯の文章を読んで |
| | 5. その他 | 5. その他 (　　　) |

| ●内容 | ●定価 | ●装丁 |
|---|---|---|
| □満足　□不満足 | □安い　□高い | □良い　□悪い |

●最近読んで面白かった本　(著者)　　　(出版社)

書名)

春秋社　電話 03-3255-9611　FAX 03-3253-1384　振替 00180-6-24861
E-mail : info-shunjusha@shunjusha.co.jp

ひんやりとした冷気が漂い、美しい光と影が織りなす空間、そこには、自然の力のもと、たくさんの生き物たちが助けあいながら生息しています。日本固有のアニミズム、ひいては神社神道の原点です。

私は、生きとし生けるもの、さらには、水や火や、木、岩など、地上の造物すべてに存在の価値を認める神道の考え方は、世界の平和を実現するためには、欠かすことのできない魅力的な考え方のひとつだと思っています。

考えてみれば、キリスト教、イスラム教、ユダヤ教、さらに仏教などには、聖書、経典というようなテキストがありますが、神道にはありません。つまり、他の宗教とは違った性格をもっており、本来そこにあるのは、おおらかな自然崇拝と現世の幸福を願う慎み深い心への希求です。

神道は元々、民族的な神話の延長線上に芽生えた思想ですが、それは宗教というよりり、自然との共存、その上に立つ相互信頼以外に人間が生き続ける未来社会の実現はないというヒントを与えてくれる、それ自体テキストのようなものだと感じています。

## ★神仏習合の典型「七福神」

日本のアニミズムを特徴づけるものに、神仏習合の考え方があります。神仏習合とはおそらく、日本人が、六世紀に日本に入って来た仏教を利用して、日本古来の神々との対話を試みたものなのではないかと、私は考えています。

その象徴のひとつが、奈良県明日香村の須弥山石《しゅみせんせき》です。須弥山は、仏教で世界の中心にあるとされる山ですが、それを象《かたど》った約二・五メートルの石塔で、明治時代に明日香村の石神《いしがみ》遺跡から発掘されました。その他、日本各地の山々には、神と仏がともに祀《まつ》られている例もたくさん見受けられます。日本では、この両者が実にうまく習合されてきたのですね。さらに、自然崇拝の極みともいいたいのは、中将姫伝説で知られている奈良県葛城市、當麻寺《たいまでら》近くの二上山《にじょうさん》です。山そのものがご神体で、人々の崇拝の対象になっています。

そして、何よりも神仏習合の典型は、「七福神」でしょう。

恵比須《えびす》、大黒《だいこく》、弁財天《べんざいてん》、福禄寿《ふくろくじゅ》、寿老人《じゅろうじん》、毘沙門天《びしゃもんてん》、布袋《ほてい》。まさに呉越同舟といいますか、インド、中国、日本の神々が争うことなく同じ舟に仲良く乗っています。

筆頭の恵比須さまは、鯛《たい》を抱えて釣り竿《ざお》を持っています。つまり、海に関わりがあるのですが、その由来は、先ほどお話ししたイザナギノミコト、イザナミノミコトの最初の子ながら、葦舟《あしぶね》に乗せて流された「水蛭子《ひるこ》」だといいます。このため、恵比須さまは人間の不運を担ってくれる、ある意味では、現世の罪を一身に背負って人々の救済へと向うキリストのような存在として尊ばれ、やがて、神さまとなりました。

次に大黒さま。頭巾《ずきん》をかぶって、袋を背負って、打出《うちで》の小槌《こづち》をもって、米俵に乗っています。しかし、元々は古代インドの神シヴァです。戦いの神であり、憤怒の神でした。それが日本神話のオオクニヌシノミコト（大国主命）や、密教の大日如来《だいにちにょらい》の化身とも習合して、台所の神さま、豊穣の神さまに変身したといわれています。

それから弁財天、弁天さま。こちらも元は古代インドの神さまでサラスヴァティーといい、ガンジス川のような大河の神さまでした。同時に音楽の神さまでもありました。それが、日本神話でスサノオノミコトの剣から生まれたという、イチキシマヒメノミコ（市寸島比売命）と合体したといわれています。

福禄寿は頭が長く、体が短い異形の姿ですが、元は中国の仙人だったようですね。つまり、中国古来のタオイズム（道教）が重んじる、長寿の神さまなのですが、鶴を伴っているところが面白いですね。同様にタオイズム出身の神さまが寿老人。それから、毘沙門天は文字通り、仏教の天部に属する、四天王（他は増長天、持国天、広目天）の中の一体ですし、大きなお腹をした布袋さまも仏教の僧侶です。

まとめて眺めてみますと、日本神話、インドの古代信仰、仏教、中国の道教とそれぞれ異なる出身の神さまたちですが、その神さまたちが、一艘の宝船に身を寄せ合って、衆生の幸せを祈っているというところが、素晴らしい発想です。これが、日本独自の「七福神」です。なんというおおらかさでしょうか。

## ★苛酷そのものの世界、砂漠

さて、森で生まれた神道に対して、世界の大多数を占める「一神教」の教えが生まれるもととなったのは、敢えて言ってしまえば、砂漠でした。

砂漠は、いったん砂嵐が起こったら、そこはもう、別世界。視界はまったくなくなり、地形も、もとのかたちを留めることはしません。その一方で、夜の闇と静けさは、これも私たちの想像をはるかに超える孤独感と寂寥感、あるいは恐怖感といった方がいいかもしれませんが、そのような雰囲気に包まれています。

晴れた夜、空を見上げれば、そこにはまるで、天空のドームにぴったりと貼り付けられた光といった感じの星が、私たちを、じっと上から凝視しています。〝美しい星空〟というより、〝恐ろしい星空〟です。そして、私たち人間世界の喧騒などには振り向きもせず、ただひたすら天の座標をゆっくりと正確に駆け抜けていきます。そこにあるのは、人間世界とは隔絶された、いかに私たちが手を伸ばしても届くことのない、絶対者の世界です。天上の世界と人間世界との間には、絶対に踏み越えることができない確固として描かれた一線があります。それは、まさに〝神〟の世界です。

このように砂漠は、日本の伝統的な、潤いのあるマイルドな自然とはまったく異質で、寒暖の差、吹き荒れる風などを考えてみても、苛酷そのものの世界です。このような自然環境の中で生まれてくるものといえば、人間の手には、とても届かないところに厳然と存在する絶対的な神でしょう。その力は絶対であって、人間たちが、どうあがいてもかなうはずのない権力を保持しています。この状況が、一神教の教えを生み出す基礎をなしていると考えられます。

私たちにとってさまざまな恵みを与えてくれる太陽を考えてみても、砂漠においては、限りない暑熱をもたらす元凶である場合もあり、そこには「太陽との闘争」という一面すら出てきます。日が落ち、やっと、涼しいひとときが訪れたとき、砂漠に暮らす人々の、人間らしい生活が始まるといってもいいでしょう。

「旧約聖書」の冒頭、創世記の始めを見ても、まず、「夕べがあり、朝があった」という記述があり、ここが出発点になっています。ユダヤ教で、極めて重要な役割を果たす〝夕べの祈り〟も、このようなところから生まれたのでしょう。

十九世紀から二十世紀にかけてドイツで活躍した作曲家、M・ブルッフの代表作、チェロ独奏のための「コル・ニドライ（神の日）作品四十七」も、砂漠に日が落ち、夕凪《ゆうなぎ》が訪れたときの情景描写から始まりますね。たそがれの淡い光の中で、捧げる祈りの美しいひとときです。

さて、一神教においては、神が一瞬のうちに光をもたらしたように、諸々の生物をつくるに際しても、進化の過程を踏まず、たちどころにつくっていきます。これも、砂漠ならではの想念の産物ではないでしょうか。日本のように、水にも樹木にも恵まれた風土では、こうした〝一瞬のうちに何かが生まれる〟という抽象性は、考えにくいものです。超自然的な神の誕生は、砂漠であったからこそ、もたらされたのだと思います。この絶対的な区分からいえば、「天国」と「地獄」も、まさに設定されやすいといえるでしょう。

さらに、砂漠で生きていく人々の生活に視点を転じてみますと、作物をつくるというよりも牧畜でしょう。それを維持していくためには、生産性の拡大が必要になり、そのためには、広い領土が必要となります。領土を広げるためには、当然のことながら、森の破壊も起こります。破壊には大きな力が必要です。大きな力は闘争の世界を生み、そこから、男性中心の力と闘争による文明の拡大が芽生えることになります。

その傾向が強まってくると、行き着く先は、仮想敵がいなければ落ち着いて生きていけないという気持ちがわいてきて、戦いを是認するような心の病理が生み出されることにもなります。相手を攻撃することでしか、安心を得ることができないという世界です。核の保有も、こうした流れの中にあるのかも知れません。

このように、極論を言えば、砂漠がもたらした一神教をつきつめていくと、戦い、そして、それに対する報復、ということの連鎖が避けられず、さらには、自らの存続のために、敵の存在をぜひとも必要とするような文明の構造をもたらす可能性も、ゼロではなくなってくるような気がします。

## ★砂漠と森の差とは

砂漠と森という自然環境を比べてみると、周囲の気象条件などから、聞こえる音の様相にも違いがあるようです。その音の性質を、周波数や振幅という要素に分けて分析してみると、森で聞く音の方が、たとえば、お母さんの胎内で聞いているような音、つまり、心を静める性質に満ちた音だという報告もあります。ひょっとしたら、それは、気分が落ち着いているときに脳波の中にみられる、ミッドアルファ波を誘起するような音なのかもしれません。

もちろん、ここで私は、砂漠で生まれた一神教を否定しようとしているのではありません。

たとえば、小高い丘の上にある壮大な石造りのカテドラル。いつも風をはらんで、ごうごうとなりつづける巨大なドームの中にたたずんで、ステンドガラスからもれてくる光の色鉛筆が、床の上に静かに描いていくデッサンを目で追っていくうちに、突如、パイプオルガンの怒濤のような響きが聞こえてきたとき、何びとといえども、人は、〝神〟の存在を感じるでしょう。私も例外ではありません。そこで感じるのは、あくまでも、地上の俗物とは一線を画した、絶対的な〝神〟です。

ただ、ここで私が危惧するのは、「砂漠」というローカルな風土で育まれた宗教を、そのままのかたちで、森の文化が培った地域にもってくるのには、かなりの無理があるのではないかということです。大切なことは、それが、現世の幸福と合致していなければならないということです。その土地柄に合わなければ、単なる幻想になってしまいます。

そのような意味あいからすれば、日本の神道は、ユダヤ教、キリスト教、仏教をはじめとして、世界の宗教とも相乗りできるおおらかさを充分にもっています。また、神道には、言霊《ことだま》という独特のフィーリングがありますが、これを音楽として捉えると、初期キリスト教におけるグレゴリア聖歌、真言密教における声明《しょうみょう》などと、とても似ているように感じます。

ヨーロッパの大聖堂の天井に描かれた巨大な絵画、天使に迎えられながら天へと向う情景を仰ぎ見ながら、ふと、思い起こすのは、今から一千年ほど前に、大和国《やまと》（奈良県）當麻《たいま》の近くに生まれたといわれる恵心僧都《えしんそうず》（源信）の往生思想です。それをもとに、同時代の慶滋保胤《よししげのやすたね》が記した「日本往生極楽記」には、「音楽近く、空中に聞こゆ。定めてこれ如来の相迎なり。すなはち新浄衣を著し念仏のうちに気絶ゆるなり」という記述があります。

人の一生の幸せを願うのが、すべての宗教の意義であるとするならば、互いの差異は、そんなにあるものではありませんし、あってはならないとも思います。

（参考：田中日佐夫『二上山』学生社刊）

# 4　見えないものと向き合う

## ★サン＝テグジュペリは真昼の星を見ていた

砂漠は、ときに妄想と幻想に近い世界をも生み出します。

それは、砂漠という環境が、昼と夜、嵐と静寂、暑さと寒さなど、両極端の状況の間を行き来する変動の振幅が大きく、緩慢な日常生活のリズムとは大きくかけ離れているせいでしょう。

サン＝テグジュペリの〝星の王子さま〟の舞台が砂漠だったことも、決して理由のないことではないように思います。

王子さまが降り立った場所が、にぎやかな街の一角でも、静かな高原の木陰でも、あの話は成り立ちません。砂漠だったから、相応《ふさわ》しいのです。生と死がいつも背中合わせになっているような厳しい環境としての砂漠、天空と自分という二者が確かに向き合っているという感覚を否応《いやおう》なしに感じさせられる苛酷な砂漠。だからこそ、砂漠で、予期しないときに、美しい夕映えや、どこからともなく吹いてくるかすかな風に出会ったりすると、現実の世界から一足飛びに幻想の世界に飛び込んでしまうようなことが起こるのです。

「水のように澄んだ空が星を漬《ひた》し、星を現像していた。しばらくすると夜がきた。サハラ砂漠は月光を浴びて砂丘へとひろがっていた。」

美しい書き出しです。これは、一九四四年七月三十一日の朝、「こちらドレスダウン6、コルゲートへ。離陸してよいか……了解」という最後の声を残して飛び立ち、空に消えたサン＝テグジュペリの小説「南方郵便機」の一節で、堀口大學氏による名訳です。夜になると、暗闇からにじみ出るように輝き始める星々を、「目には見えない潜像を見えるように現像する」と表現した感性は、見事です。

かつて私が勤めていた東京の大学では、天体観測施設をつくらせてもらい、そこで、実際に〝真昼の星〟を見ることを私の授業の単位取得条件にしていました。望遠鏡を使うと、昼間でも、星を見ることができます。

台風一過などで、空が非常に澄み切っている日であれば、明るい金星ならば、肉眼で見える場合もあります。ですから、サン＝テグジュペリは、飛行機から、〝真昼の星〟を見ていたのかもしれませんね。昼間に星を見ることを単位取得の条件にしたのは、「見えないからといって、ないのではない」ということを実感させ、学ばせることが目的でした。

実は、私たちの「ひとみ」の直径は、いちばん大きく開いても、たかだか数ミリですが、それに比べると、望遠鏡のレンズの直径は、数十センチ、大きいものでは何メートルもありますから、弱い星の光であっても、たくさんすくい取ることができて、真昼でも、星を見ることができるのです。もし、望遠鏡のレンズの直径が二十センチであれば、それは「ひとみ」の直径の四十倍くらいになりますから、面積比にすれば、直径の二乗、すなわち、千六百倍の光をすくいとることができるわけです。

たそがれの光の中でも双眼鏡を使えば、野鳥の動きを観察することができるのも、「ひとみ」より大きな直径をもつ双眼鏡が、たくさんの光を集めてくれるから、見えるのです。倍率を上げて、大きく拡大するから見えるのではありません。

このように、昼間でも星はあるのですから、見えるのは当然ですが、昼間見る星の姿は、想像を超えた美しさです。その理由は、昼間の明るいところでは、感度は低いながら、私たちの目の細胞の中でも色の識別が得意な部分、錐状体《すいじょうたい》が働きますから、この世のものとは思えないほどの色合いで輝いているのが見えるというわけです。少し風がある日などは、紺碧《こんぺき》の大空のキャンバスの中で、たとえて言えば、ちろちろとダイヤモンドやトパーズの小さな炎が燃えているかのようです。

ついでにお話ししておきますと、私たちが、夜、星を見上げるときには、なんとなく赤っぽい、とか、あるいは、青っぽいとかいう程度にしか、星の色を識別できないのは、暗いところでは、感度は高いけれども色の識別が苦手な細胞、桿状体《かんじょうたい》が働いているからです。

## ★見えないからといってないわけではない

サン＝テグジュペリの代表作〝星の王子さま〟を一貫して流れているテーマは「大事な物は、心で見ない限り、目には見えない」というものです。

では、心で見るとは、どういうことでしょうか。ひとことで言ってしまえば、ひとつのことを違った視点から、ありのまま見て、その結果を論理的に統合することによって、正しい推測をするということです。

たとえば、ある物体を見て、Aさんは○だと言い、Bさんは□だと言ったとしましょう。AさんとBさんが、○だ、いや□だと、百年、議論を続けたとしても合意には至りません。しかし、もしそれがお茶を入れる茶筒のような容器で、Aさんは上から、Bさんは横から見ていたのだとすれば、その違った見え方を統合して、円筒形という実体に迫ることができるわけです。これが、科学的なものの見方です。

と同時に、異なった視点から眺めて、じかに表面には出てこない実体の姿を推論して感じとる、ということが、心で見るということの意味です。弟子が師匠の背中を見て、学ぶというのも、そういうことなのでしょうね。

確かに私たちは、この目でモノを見ています。しかし、目に感じる光の領域は意外なほど狭いのです。私たちは、美しい虹を見て、大きな弓形の外側には、赤い色があり、そして内側にいくにしたがって、緑、青、紫……というような順序に色の帯が重なっているのを見ることができます。しかし、赤い色の帯のさらに外側には、目には見えない赤外線の帯があり、紫の色の内側には、やはり目には見えない紫外線の帯があるはずです。肉眼では見えないけれども、見えない光としては確かに存在しているのです。見えないからといって、ないわけではありません。

昼間の星と、見えないもの……ということに想いを馳《は》せると、どうしても、ご紹介したくなってしまう詩があります。大正から昭和の初期にかけて生きた天才童謡詩人、金子みすゞ（一九〇三〜三〇）の作品、「星とたんぽぽ」という詩です。

## 星とたんぽぽ

青いお空のそこふかく、
海の小石のそのように、
夜がくるまでしずんでる、
昼のお星はめにみえぬ。
　見えぬけれどもあるんだよ、
　見えぬものでもあるんだよ。

ちってすがれたたんぽぽの、
かわらのすきに、だァまって、
春のくるまでかくれてる、

つよいその根はめにみえぬ。
見えぬけれどもあるんだよ、
見えぬものでもあるんだよ。

（ＪＵＬＡ出版局『金子みすゞ童謡集／わたしと小鳥とすずと』より）

再び、サン＝テグジュペリのことに話を戻しましょう。彼の未完の大作「城砦」には、次のような一節があります。

「人間とは、おのれのうちに宿し、おのれおよび他者を支配する神々を通じてしか、交わりにいたることのできぬ者である。人間とは、創造を通じておのれを交換することにしか歓びを見出さぬ者である。人間とは、おのれを委託するときにのみ、幸福に死ぬことができる者である。」

（山崎庸一郎訳より）

すごい表現ですね。彼の一生を貫いた死生観です。ここでは、生と死が渾然《こんぜん》一体となって、ひとつの確かな存在の表裏であることをいっています。今まで、私がお話ししてきた自然観と、何か共通するものがあるように思いますが、いかがでしょう。

そういえば、実在を意識するということと、夢を見る、描くということとの関わりについては、現代フランスの科学哲学者も、とても詩的な表現で書き残しています。G・バシュラールという人です。

「意識的光景である前に、あらゆる風景は夢幻的経験である。まず夢のなかで見た風景でなければ、人は美的情熱をもって眺めないものだ」

（宇佐見英治訳『空と夢』より）

ここで、述べられている「夢」とは、眠っているときに見る夢という意味ではなく、また、将来のビジョンといったような意味でもなく、ただ、今、あることに対して憧れに似た感情を抱く、といった意味での「夢」ですが、夢見ることの大切さを訴えかけるすばらしい言葉だと思います。

## ★〝相手に寄り添う〟ということ

京都、南禅寺の北側、若王子《にゃくおうじ》山を背負うように永観堂（禅林寺）があります。

ここで講話をする機会に恵まれ、かねてから気になっていた〝みかえり阿弥陀《あみだ》〟さまにお会いすることができました。平安時代後期の作とされるこの阿弥陀如来立像は、左の足先を少し前に踏み出し、体をやや左にひねり、「ちゃんと私についてきていますか？」というような表情をして、ふっと後ろを振り返るようなお姿をしています。

実はこの阿弥陀像を前にして、ふと、思い出したのが、キリスト教会などで、よく説教の題材にもされる「あしあと」という詩でした。

いろいろのバージョンがありますが、実は元々、カナダ人女性マーガレット・F・パワーズさんが書いた詩です。それが人々の口から口へと伝わり、広まったものです。その要旨はこうです（松代恵美訳、太平洋放送協会刊『あしあと〈Footprints〉——多くの人々を感動させた詩の背後にある物語』より）。

「私」は夢の中で神さまとともに、なぎさを歩いています。「私」は、夜空に映し出された人生のさまざまな場面を見ます。そこにはすべて、二人分の〝あしあと〟が残されていました。〝あしあと〟のひとつは自分のもの、もうひとつは、いつでも寄り添ってくれる神さまのものです。やがて「私」にとって、いちばん辛く悲しい、人生の最後の光景が映し出されます。ところが、振り返ると砂の上には一人分の〝あしあと〟しかありません。「私」は心を乱して、神さまに尋ねます。

「いちばんあなたを必要としたときに、あなたが、なぜ、わたしを捨てられたのか、わたしにはわかりません。」

神さまは、ささやきます。

「わたしの大切な子よ。わたしは、あなたを愛している。あなたを決して捨てたりはしない。……あしあとがひとつだったとき、わたしはあなたを背負って歩いていた。」

（この章の最後に、英文の原詩を紹介しておきます。）

この詩は、どんなことがあっても、〃相手に寄り添う〃ということが、究極の「やさしさ」であり、また、それを信じる心をもつことの重要性を語りかけています。

信じるといっても、それが妄想であっては困りますが、自分のすべてを相手に委《ゆだ》ねること、それは、決して相手に甘えることではなく、自分自身の全身全霊をかけてのたゆみない努力に裏打ちされた〃憧れ〃としての信仰のようなものです。不信感のかたまりからは、何も生まれません。

不信感からの脱却は、自分の考え方を根底から変えることではありません。世間では、よく、「自分が変わらなければ、何も変わらない」というような言い方をします。しかし、人は、根底から変わることはできません。ただ、考え方の枠を広げて、新しい思考のパラダイムを構築することが、成長への第一歩になるということです。不信感しかもてない相手や、ものごとの中にも、必ず何がしかの、正当な理由はあるでしょう。

このことを、科学の分野の例でお話ししますと、十七〜十八世紀にニュートンによって確立された古典力学は、私たちの身の周りで起こっている日常レベルの自然現象であれば、実にきれいに説明してくれます。しかし、対象が、宇宙の創生であるとか、原子、分子など、ミクロの世界のことになると、古典力学の考え方は、まったく通用しなくなります。そこで、二十世紀に新しく生まれたのが、相対性理論と量子力学という学問分野でした。

ところがここで大切なことは、それではニュートンの力学は間違っていたのか、といえば、決してそうではないということです。相対性理論や量子力学は、その体系の中に、ニュートンの力学をうまくとりこんでいます。たとえば、相対性理論の中で、今まで考えられてきたように、光の速度が無限大であると仮定すればニュートンの力学になり、量子力学の世界でエネルギーの大きさが連続的であると仮定すればニュートンの力学になるというように、新しい理論は、古い理論を包括しています。これが、〝考え方の枠を広げる〟ということです。

先ほど紹介した「あしあと」という詩はまた、まるで、インド大乗仏教でいうところの「唯識《ゆいしき》」の考え方を彷彿《ほうふつ》とさせるような雰囲気を、たたえています。「唯識」とは、ひとことで言ってしまえば、一切の存在は「自分の識」、つまり心がつくり出した仮のもので、「識」の他には事物的存在はないとする考え方です。言葉を替えれば、心こそが、見える世界をつくるといってもいいでしょう。

## ★「魔女狩り」の根底にあるもの

さて、こうした説話の一方では、砂漠が生み出した一神教の苛烈さを思い知らされる多くの事件があって、その中に、近世ヨーロッパで起こった魔女裁判があります。ちょうど、十七世紀頃に、ヨーロッパが、異常な寒波に襲われた時期がありました。実はこの頃は、理由は定かではありませんが、太陽活動の低迷が続き、「小氷河期」と呼ばれていた時代です。太陽活動と太陽黒点の数は深い関係がありますが、この時期の観測データを見ると、ほとんど黒点が見当たらないという記録が残っています。また、アムステルダムの運河が全部凍ってしまったということも、伝えられています。レンブラント（一六〇六～六九）やフェルメール（一六三二～七五）の絵が、なんとも言いようのない暗さをたたえているのは、そうした当時の気候条件と無縁ではなさそうです。

そこで、このような異常気象に見舞われて、厳しい寒さが続くと、当然、暖を求めて大量の薪《まき》が必要となります。その結果、森の伐採が進み、畑の肥料としてストックしたあった藁《わら》なども暖房のために燃やされてしまったために、畑はやせ衰え、作物の不作を助長することになります。ブドウも採れなくなり、ワインの製造もままなりません。財政的危機にも陥ってしまいます。それに追い討ちをかけるように、小麦の値段も薪の値段も高騰して、生活は窮乏し、人々は栄養失調になり、疫病も流行して、ヨーロッパは大変な恐慌に見舞われたのでした。

当時の世情は、このような悲惨な状況は神の怒りに触れたことが原因であると考えました。そして、人々の不満と不安のはけ口として、「魔女狩り」が行なわれたのです。「魔女」にされた女性、とはどんな人だったのでしょうか。記録によればそれは、「美しすぎる」とか「頭が良すぎる」、「ちょっと風変わり」などを含めて、一般の女性とは少しばかり違った個性をもつ女性たちが「魔女」に仕立てられ、犠牲になりました。残酷な処刑だったようです。今でも、モーゼル河畔のブドウ畑の中には、「一六二〇年、マリーという名の女性がここで、魔女として処刑された」と大きく書かれた看板が立っています。

この「魔女狩り」という事件の根底に、いったい何があったのかを知る由もありませんが、神という絶対者の怒りに触れて、天変地異が起こり、人間世界が壊滅状態になった以上、その原因を探り出し、その大本を断たねばならない、ということだったのでしょう。その背後には、誰かを悪の根源だと決め付け、処刑することで心の安泰を図ろうとする構図があります。前の章でもお話しした、仮想敵をつくって安心するという構図で、現代でもこれに近い出来事は、日常茶飯事のように起こっています。誰か悪者を見つけて、それを排除する。それによって安心を得る、という発想です。一神教的な考えが陥りやすい発想です。

それでは、日本だったら、どうだったでしょうか。

たとえば、大きな地震が、人々を襲ったとしましょう。それを天災だとして受け入れるには、あまりの不幸ではありますが、そのために、魔女を仕立てて処刑するという事態にまで発展したでしょうか。「我々のやり方がどこか間違っていたから、きっと〝罰《ばち》が当たった〟のかもしれない。神仏に許しを求めるお祈りをして、我々みんなで協力して、なんとか乗り切っていこう」と考えたのではないでしょうか。

あるいは、地中深くに生息している〝大鯰《おおなまず》〟の機嫌を損ねたことが地震の原因であるとして、大鯰の気持ちを鎮めるための行事を催したかもしれません。これは、温暖で、豊かな自然の中だったからこそ育まれた感性と無縁ではないと思います。自らを自然の中の一部として、できるだけ、自然と対立することを避けようというアニミズム的発想です。

## FOOTPRINTS

One night I dreamed a dream.

I was walking along the beach with my Lord.

Across the dark sky flashed scenes from my life.

For each scene, I noticed two sets of footprints in the sand,

one belonging to me and one to my Lord.

When the last scene of my life shot before me

I looked back at the footprints in the sand.

There was only one set of footprints.

I realized that this was at the lowest and saddest times of my life.

This always bothered me and I questioned the Lord about my dilemma.
"Lord, you told me when I decided to follow You,
You would walk and talk with me all the way.
But I'm aware that during the most troublesome times of my life
there is only one set of footprints.
I just don't understand why, when I needed You most, You leave me."
He whispered, "My precious child,
I love you and will never leave you never, ever, during your trials and testings.
When you saw only one set of footprints it was then that I carried you."

# 5 「生」と「死」を超えるもの

## ★人間の形はどうして決まったか

第2章で、宇宙の研究からわかったことのひとつとして、「すべてはひとつのもの」から生まれたということ、言い替えれば、だからこそ、「すべては関わりあっている」ということをお話ししました。

この章ではまず、私たち人間の形をデザインしたのは、今ある、宇宙の根源的性質だった、ということからお話を始めましょう。つまり、宇宙の性質が、今あるような性質であったからこそ、今ここにいる私たちの体は、今あるような形になったと考えざるをえない、というお話です。言い替えれば、宇宙の中にあるものは、すべて、関わりあいながら存在しているということのひとつの例です。きちんとお話しするには、数学、物理学のある程度の基礎知識が必要ですが、ここでは、数式などは使わないで、話の筋道だけをご紹介しておきます。

まず結論は、今、あるような人間の形を決定した具体的な要因とは、「今、あるような地球の重力」と、「今、あるような太陽と地球との距離」という、たった二つの条件です。

みなさんもご承知のように、すべての物質は、原子から成り立っています。原子の中心には、原子核という重い芯があって、その周りを電子の雲が取り囲んでいます。ここで「雲」と言ったのは、電子は、粒子の性質ももっていますが、物質の中では、めまぐるしく動いているので、「雲」といった方が適当だと考えられているからです。

そこで、この原子が集団になって物質を構成するには、それらの構成要素が、互いに引っ張りあう力と反発しあう力がどこかで均衡していなければなりません。もし、外からの力が大きくて、その均衡を破るような状態であれば、物質は壊れてしまい、形を保つことはできません。手のひらの上にのる豆腐はつくれますが、高層ビルのようなに大きい豆腐は、崩れてしまって、その形を保つことはできません。それは、地球の重力に、豆腐の構造が負けてしまうからです。

私たち人間の骨格も同じことで、骨格をつくる原子たちが、たがいに力を及ぼしあい、均衡を保っているのですが、もし、地球から働く重力があまりにも強すぎると、原子がつぶれてしまい、骨格を存続させることはできません。

それらに加えて、重力が強すぎると、地上での移動が困難になってしまいます。また、物体のサイズが大きくなると、それらにかかる重力の力も大きくなりますから、その物体は、つぶれてしまいます。たとえば、白鳥の足の太さと、象の足の太さを比べてみましょう。全体の形に対して、象の足は太さの割合が大きいですね。これは、白鳥より重い体重を支えるためには、太い骨格でないと支えきれないからです。つまり、重力の大きさが、生き物の姿、形を決めているということです。もし、象がもっともっと小さくて、犬くらいの大きさだったら、あのような太い足は必要ありませんから、体全体のデザインは変わっていたでしょう。

よく、遊園地などで、人間の形をした大きい人形や像を見かけます。しかし、人間が今の姿のまま、サイズだけを大きくした形は、実際には存在できません。たとえば、今の形のまま、身長を二倍にしたとしましょう。体積は、長さの三乗に比例しますから八倍になります。したがって体重も八倍になります。ところが、その体重を支える足の面積は、長さの二乗、すなわち四倍にしかなりません。これでは、足の単位面積あたりにかかる体重の力は二倍になりますから、骨格は壊れてしまいます。もし、身長を二倍にするのならば、体全体の形に対して、もっと足を太くして、足の底面積を大きくしなければならないというわけです。言い替えれば、人間の形を保ったまま、相似形のままでは、遊園地にあるような巨人は存在できないということです。

## ★人間には宇宙の性質が投影されている

それでは、重力が弱ければよいか、といえば、そうでもありません。あまりにも弱いと、私たちが吸っている空気が逃げてしまって、生物の生存は不可能になります。月に空気がなくなってしまったのと同じ理由です。さらに、私たちの体は、気体という形で空気を摂取する仕組みになっていますから、地表面の温度は、空気が凍ってしまわない程度に暖かくなければなりません。地表面の温度を決めているのは、太陽が、どれくらいのエネルギーを発生しているかということと、地球との距離です。

そもそも重力をつくる条件は、地球のサイズ、きちんと言えば、地球の半径と重さ（正確にいえば質量ですね）です。別の言い方で言えば、密度が関わります。

たとえば、今よりも地球が小さくて、しかも重ければ、重力が大きくなって、骨格が保てなくなり、地上での運動も困難になってしまいます。逆に、地球のサイズが今よりも小さい重力しかつくり出せない状況であれば、空気を引き止めることができず、私たち生物は生存できない環境になってしまいます。

さらに、先ほどもお話ししたように、私たちが生きていくのに必要な空気を、気体の状態で存在させるために必要なことは、今のような地表面温度を与えてくれるような太陽と地球との距離です。しかも、その前提には、太陽のエネルギー発生率が、今あるような値でなければなりません。地球との距離が今あるような距離であっても、今より熱い太陽であれば、地上は沸騰してしまうでしょうし、今より冷たい太陽であれば、地上は凍りついてしまいます。

このように、今あるような地球のサイズと重さと、それから太陽の性質と、そこから地球までの距離を仮定すると、「大きさが一メートル～二メートルで、体重が一〇〇キログラム前後の、二本足で歩行する生物の形」は、今あるような人間の形でないと生存できない、ということが計算の結果として出てきます。人間の姿、形、そして体全体の構造を、今のように決めたのは、地球のサイズ、重さ、言い替えれば重力の大きさと、太陽の性質、そして地球との位置関係だったというわけです。

私たちの体のサイズと形は、宇宙の根源的性質と、深く関わっているということです。私たちの体のデザイナーは、宇宙だったということです。

私たちの体を構成しているすべての物質は、星が光り輝く過程でつくられ、その星が超新星爆発というかたちで終焉《しゅうえん》を迎え、宇宙空間に飛び散った、その「かけら」です。つまり私たちは、「星のかけら」なのですが、その「かけら」からつくられた「かたち」にも、宇宙の性質が投影されているということなのです。

このように、宇宙の中で生まれ、育まれてきた人類は、宇宙との関わりにおいてしか生き続けることはできません。ということは、今、宇宙の中で起こっているいろいろな現象は、私たちの日常の生活に、大きな影響を及ぼし続けています。第4章でお話ししたことですが、太陽黒点の減少、つまり太陽活動の変動でさえ、人類の生活や芸術の世界にまで、大きな影響を及ぼしてきました。

## ★恐ろしいほどの宇宙の公平さ

今から六五〇〇万年ほど昔に、それまで、地上を制覇していた恐竜が絶滅したことがわかっています。

その原因については、いろいろの見解がありますが、一番確からしい説明としては、天空から飛来した隕石《いんせき》の激突によるというものです。実際に、スペースシャトルから地球表面を観察すると、過去に起こった星の激突痕が多数見つかっています。今現在でも、流れ星というのがありますし、たまには、隕石の落下も起こっています。その場合、飛来する星は、秒速にしておよそ数十キロメートルというものすごいスピードですから、その運動エネルギーは想像を絶する力をもち、ある程度の大きさの星が地表面に激突すると、すさまじいダストを巻き上げたり、そこが海であれば、高さ数百メートルにも及ぶ津波を引き起こすでしょう。それが、過去に大規模な気候異変を起こし、恐竜絶滅に至ったというのが、もっとも確かなシナリオです。

太陽系の成因自体、そのような天体衝突のくり返しによって惑星が誕生したものと考えられているのですから、今後未来において、人類がこのような事態に遭遇する可能性は充分にあります。

そこで、SFの中の話のようですが、そうした事態が予想された場合、どのように対処するかについて、NASAなどと協力しながら、日本のJAXA（宇宙航空研究開発機構）でも、検討が始められています。そのひとつに、二〇〇五年七月五日、テンペル彗星の核、およそ五×七キロメートルの大きさをもつ天体に、重量三七〇キログラムの銅でできた球、インパクターを打ちこむことに成功し、その際、核から噴き出す物質の分析を行なったという実験があります。太陽系の成因を調べる有力な資料にもなりますが、地球に飛来する星の性質を調べておくことはたいへん重要です。

これは、NASAが中心となって行なわれた実験でしたが、それに先立つこと、二〇〇三年五月九日に、世界初の野心的な計画として、日本が〈はやぶさ〉という小惑星探査機を打ち上げていました。この探査機は、地球からおよそ三億キロメートル、すなわち地球と太陽との間の二倍の距離にある小惑星〈イトカワ〉に、二〇〇七年一月ころ到達し、地表面からサンプルを採取しました。そして、いくつかのエンジントラブルをなんとか克服して、その三カ月後の四月下旬には、エンジン点火、二〇一〇年十月の地球帰還へ向けて出発しました。

すさまじいとしか言いようがない快挙です。というのも、〈はやぶさ〉は、地球から三億キロメートル離れた〈イトカワ〉まで行っているのですから、そこまでの距離は、光、つまり電波の速さで走っても十数分かかります。ということは、地球からの指令を送っても、返事が来るまで三十分以上かかります。そこで、この〈はやぶさ〉には、自分で行動を判断できる自立型ロボット機能が搭載されています。人の手を離れ、よその星に行って、そこでサンプルを入手して、再び戻ってくるには、自分で考える機能を搭載しなければならなかったというわけです。すばらしいと思う半面、何か、恐ろしいような気持ちも否めません。

なお、この〈はやぶさ〉という愛称は、日本のロケット技術の発展に指導的役割を果たした糸川英夫博士が、第二次世界大戦中に画期的なアイディアを活かしながら設計した、不朽の名作といわれる戦闘機「隼」からとられたものです。糸川博士に因んで、小惑星の名前も〈イトカワ〉と命名されていました。

いずれにしても、月を除いては、人類にとって初めて、よその星と直接コンタクトしたという試みです。その結果、今後明らかになる星の性質は、地球との衝突の際に何が起こるのかを推測するための貴重なデータとして、大きな意味をもつことになります。

考えてみれば、私たちの地球に生命が誕生したのは、水の存在があったからです。

しかし、その水を地球にもたらしたものは、水を大量に含んだ彗星《すいせい》などの衝突でした。彗星の衝突は、生命の壊滅をも引き起こします。つまり、宇宙は、恐ろしいほどの公平さで、生命の生成、消滅をくり返してきたようです。このように、「生」と「死」という背反的なできごとは、生物体に固有のことではなく、宇宙全体の根源的な営みとして考えなければならないでしょう。

一九九八年に相次いで公開されたハリウッド映画に、「ディープ・インパクト」と「アルマゲドン」という作品がありました。いずれも、地球への天体衝突をリアルに描いていますが、ハリウッド映画はエンターテインメントであると同時に、現代が抱える大きなテーマに対して非常に敏感だということに驚きを禁じえません。地球外知的生命体〝E・T・〟とのコンタクトを描いた名作「コンタクト」(一九九七年公開)も、描かれている内容には最先端の情報が散りばめられており、ドッキリするほどのリアリティーに満ち溢れていました。

## ★「生」の一部が「死」である

天体衝突や気候変動などによって、地球環境は、つねに宇宙の脅威にさらされてきました。そして、恐竜は確かに滅びましたが、人類は滅びることなく、今日までなんとか生き延びてきています。その人類、すなわち私たちの脳を調べてみると、ずっと奥の方には、恐竜時代の脳の痕跡が残っているそうです。恐竜は滅び去ったけれども、その一部は、その後の世代の生命に受け継がれて、脈々と続いています。この性質こそが、生命の特徴だといえるでしょう。

壊れてしまった機械が、ひとりで自分を修復して、生き返ることはありません。そのような能力のすべては、ＤＮＡの螺旋《らせん》構造の中に秘められているようです。物質は一気に破滅しますが、生命の特徴は、そのような環境の急激な変化に対して、瞬間的に反応するというよりも、ゆっくりとではありますが順応してゆくという特徴を備えています。それは、生命体が、極めて複雑な構造から成り立っており、外界と情報を絶えず交換しながら、新たな道を探る能力をもつようにつくられているからです。そこに生命の神秘があります。

ということは、DNA構造は、つねに更新され続けねばなりません。そのために、脈々と生き続けるための代償として、「死」による更新がなされているとも考えられます。「生」の中に「死」が、すでにプログラムされているというわけです。環境の激変によって、ほとんど壊滅状態になっても、数々のバラエティーをもってつくられているDNAのいくつかは生き残り、自らをゆっくりと環境に順応させながら、生き続けるというわけです。

生命の特質が、子孫をつぎつぎと後世に残していくことであるとすれば、いちばん簡単な方法は、自分のコピーをつくっていくことでしょう。いわば、〝無性生殖〟です。そうすれば、自分は滅びても、自分の分身は、いつまでも生き延びることができます。永遠の命をもつといってもいいでしょう。

実は、ウィルスが、そのような性質をもっていて、現代の細菌学では、生物というよりも、物質としての認識が強いようです。そのような意味から、極端な言い方をすれば、宇宙は、最初に女性をつくったようです。しかし、寸分違わぬコピーの生物体ばかりだと、その生命を危機に陥れる環境の変化が訪れたとき、一挙に滅亡してしまいます。そこで、自然は、染色体の一部をちょっとだけいじって、XかYかという選択を、コイン投げでもするかのようにしてつくることをしました。男性の誕生です。コイン投げは、表か裏かの二者択一ですから、確率的には、半々の状態で出現します。男性と女性の数が、ほぼ同じだという理由はこのあたりにあるのでしょう。

そこで、男性と女性のDNAを混ぜ合わせることによって、似てはいるけれども、すこしずつ異なる個体をつくり、環境の変化に対しても、あるものは生き残れる確率が得られるような多様性をつくり出し、命を後世に伝えていくことが可能になる方法がとられるようになりました。いわゆる〝有性生殖〟のはじまりです。くり返しますが、生きながらえるために考案された有性生殖の代償が、「死」の獲得であったということです。「生」の一部が、「死」であるといってもいいでしょう。

## ★宇宙のひとかけらとしての個

ブッダが言ったと後世に伝えられている有名な言葉があります。

「一切は苦である」

ブッダがいうところの「苦」とは、生まれること、老いること、病気になること、そして死ぬこと、いわゆる「生老病死《しょうろうびょうし》」だといいます。つまり、生まれることは、最初からそこにもう死を含んでいる、という考え方ですね。決して厭世的な考え方でもなければ、ニヒリズムでもありません。宇宙の中の「ひとかけら」としての人間の姿を的確に捉えた視点です。これは、あらゆる文明についても同じことが言えるでしょう。滅びるものとしての文明です。かつて、私の知人である有名な建築家が、「ぼくの理想は、廃墟になったときにも美しい建物をつくることだ」と、夕映えの美しい軽井沢の山荘で話していたことを、ふと、思い出します。ブラームスをこよなく愛した彼も、今では、幽明境《ゆうめいさかい》を異《こと》にする世界に旅立ってしまいました。

ところで、ヨーロッパや西アジアの宗教、とりわけ一神教においては、「言葉」によって自然と人間を区別しました。人間は神によって創造された「選ばれたもの」であるという見方です。この背後には、砂漠で見上げる天上の星が、私たちの手には届かない、というより、まったく別次元の世界、「神の国」であるという思いがあって、天上の世界と地上の世界とは、はっきりと区別されています。この「神」と「人間」との差別化は、すべて「言葉」によってなされています。「聖書」や「コーラン」などの経典に残っている通りです。

一方でブッダは、「言葉」では表現できないものがあるという視点を貫いています。たとえば、言葉でいうところの「われ」というものは、独立したものとして存在しない、といいます。自分で自分の顔を見ることができない、あるいは、樹木がなければ、私たちが排出する二酸化炭素は酸素に変換されないから、私たちは結局、樹木と共存しているということとも結びつく考え方です。ヨーロッパや西アジアの宗教と仏教との違いは、「個vs.宇宙」か、あるいは「宇宙のひとかけらとしての個」か、という違いであると考えてもいいでしょうね。これは、あとでお話ししますが、数学における「無限大」を考えるときにも、大きな違いとして、歴史に残っています。

## ★ガリレイとブルーノ

「無限大」についてお話しする前に、イタリアで、同じ時代に、同じテーマに対して起こった衝撃的な事件についてご紹介しておきたいと思います。

天動説から地動説への変遷をめぐっての話です。それは、ある見方からすれば、ヨーロッパにおける科学と宗教との違いを如実に語る例であるかもしれません。事件の主役は、いずれも地動説を支持した有名な科学者ガリレイと先進的な宗教者ブルーノですが、科学者か宗教者かであることが、二人の運命を大きく分けました。

先ほどもお話しした通り、ヨーロッパ、とくに中世のローマ・カトリックでは、人間は、神によって選ばれた存在であり、地球は、神によって与えられたものであると考えられていました。ということは、地球こそが、神の恩恵を一身に受けている唯一の存在であるのだから、ものごとは地球中心に起こっている、と考えるのは自然だったようです。つまり、天空の星の巡りは、動かない地球の周りを天が動いているとする天動説の考え方が、ゆるぎない地位を誇っていました。

そこに登場したのが、みなさんもご存じのガリレオ・ガリレイ（一五六四〜一六四二）でした。ガリレイは、観測という実験手段によって、動いているのは明らかに地球であることを見つけていました。いわゆる地動説です。このため、ローマ教皇庁異端者審問所は彼を召喚し、審問にかけました。そこで、命の危険を感じたガリレイは、科学的事実はいつの日にか必ずや日の目をみることを確信しつつ、地動説を取り下げ、釈放されます。

一方、ほぼ同じ時代、同じイタリアに、ジョルダーノ・ブルーノ（一五四八〜一六〇〇）というカトリックの司祭がいました。彼は、神の恵みは全宇宙にあまねく届くものであり、そうであるからこそ、それが地球にのみ集中されることはなく、したがって、地球がすべての中心でなくてもよい、という考え方をしていました。

「神の恵み」ということの解釈如何《いかん》によって、天動説、地動説のどちらにも傾くというところが、論理の構築の仕方によってどうにでもなる怖さです。つまり、ブルーノにとっては、「不公平を許さず、全宇宙にあまねく恵みを与える神」であったために、地動説を支持し、同じくローマ教皇庁異端者審問所に召喚され、異端者として、地動説の撤回を求められます。

しかし、ブルーノは、ガリレイとは違って、宗教者でした。宗教者の人生とは、自らの信念を貫き通すところにあります。その結果、彼は、今でいうローマの「花の広場」、カンポ・デ・フィオリという広場に引きずり出され、火刑に処されるという、まことに凄惨な死を与えられました。

宇宙の真理を究めようとしながらも生き延びたガリレイと、命を賭けたブルーノ。ここに、科学と宗教の大きな隔たりを感じます。科学と宗教とは、異なる世界をもっています。しかし、宗教的な感性に裏打ちされた科学を構築することは可能だと思います。科学が宗教的であることの可能性はある、ということです。

## ★無限の概念とは

数学を勉強してきた私にとって、この話の延長線上には、どうしても「無限大」のことが重なります。

歴史的に見ると、古代ギリシャでは、「無限」は「わけのわからない汚いもの」、すなわち、「アペイロン」と呼ばれていて、人々が忌み嫌う存在でした。その背景には、ピタゴラスが、万物は有限個の自然数で表されるとしていたことや、アリストテレスが、明確に捉えられない無限は欠陥概念だと信じていたこともあったようです。

この考え方は、中世になると、有限の天空の一点に神が存在するというカトリック独特の一神教を生み出しました。それに対して、先ほどお話ししたブルーノは、神は無限宇宙に遍在する無限の存在であることを主張していたために、処刑されてしまいました。つまり、当時の社会では、無限を口にすることは、ご法度《はっと》だったのです。

その一方で、無限を怖れない人々がいました。ニュートン（一六四三〜一七二七）、ライプニッツ（一六四六〜一七一六）たちです。かれらは、無限の概念をしっかりと受けとめて、微分積分学という画期的な数学の分野を構築しました。これはまぎれもなく、現代文明のすべてを生み出す基礎をつくり出しました。建築、交通、通信などの工学の基礎から、原子分子の世界、はては宇宙のからくりに至るまで、さらには、人の健康を支える医学、医療分野開発すべての基礎になっています。

この微分積分学というのは、ある値に限りなく近づくとか、無限に小さくなるとか、無限の概念を基礎にしてつくられた数学です。この「一点に収束する」という発想は、どこか、一神教を思わせるところもありますが、無限と神が重なるという、そのコントラストが面白いですね。「考えることの自由」、その自由性が数学の魅力だといっていいでしょう。

それに引き換え、江戸時代の日本の数学者、関孝和《せきたかかず》（?〜一七〇八）が微分積分学に近い和算としての数学を考え出していますが、その基本は、「ある点の近傍」とい言ったら、う曖昧《あいまい》な領域を基本にしていることが、神道的な多神教を彷彿《ほうふつ》とさせると言い過ぎでしょうか。こんなところにも、考え方の違いが見受けられ、土地柄の違いが浮き彫りになっているのが、とても興味深く感じられます。

## ★科学は普遍的な言語

この章をしめくくるにあたって、少しだけお話ししておきたいのは、宗教や哲学というものは、万人には、共通の理解として受け入れられないものだということです。

私の知人に、カントの研究で有名な哲学者がいます。年齢的には、私の先輩に当たる方ですから、それなりの年を重ねておられるのですが、未だに、研究、思索を続けておられます。時折お会いすると、「これは、こういうことなんでしょうかね」などと、いかにも、新しいことに気づいたように話されます。ということは、この先生の研究は、この先生一代では終らず、かといって、まとまった形で後世に残すことは、難しいのです。

ところが、科学の利点は、万人が理解できる普遍的な言語で書かれているということで、少なくともその分野では、きちんと完結しているところが魅力です。ガリレイやニュートンが何十年もかけてやっと構築した業績のおおまかなところは、私たちでも一年もあれば、自分のものにすることができます。どこの国の人にとっても、いつの時代の人にとっても、ニュートンが発見した運動の法則は真理であり、普遍性をもっています。科学の素晴らしさは、それが、数学や論理という普遍言語で書かれているところにあります。

そういうことを、広くみなさんに知っていただくように努力するのも、私たち科学に携わってきた者の役目かもしれません。

天上に神を求める一神教、自然界の中に神秘的な命の鼓動を見ようとするアニミズム、宇宙と自らを一体と考えようとする仏教、そのいずれにも、それなりの意味づけがあり、優劣の差をつけることは、好ましいことではありません。しかし、今、あなたの足元にいる一匹のアリも、そして、あなたご自身という存在も、百三十七億年前に、一粒の光から生まれ、何度も枝分かれしながら進化をくり返し、今、ここにいるのだという事実を教えてくれるのは、現代科学によって語られる宇宙論です。

もし、〝神〟というものが存在するのならば、こうした不可思議としかいいようのない生命のからくりの中にこそ、存在するのかもしれません。

# 6　宇宙のひとかけらとしての私たち

## ★「人間原理」という考え方

これまでの章で、宇宙の研究とは何か、そして、その研究からわかったことを出発点にして、宇宙と人との関わりをどのように考えればよいのか、などについてお話ししてきました。そこで、この章では、具体的な宇宙の構造を感じていただいた上で、さらに、その中における人間の位置づけについて、今までと少しだけ違った視点から考えることにしましょう。

それにしても、まず気になるのは、なぜ、宇宙は〝このような構造〟なのか、敢えて言えば、なぜ、今あるような性質をもつ宇宙が存在しているのか……ということです。「宇宙はなぜあるのか」という根源的な疑問です。

たとえば、地球と太陽との間の距離は一億五〇〇〇万キロメートル。毎秒三〇万キロメートルの速さで進む光でも、およそ八分と二〇秒、すなわち、五〇〇秒ほどかかります。光が一年かけて進む距離のことを一光年と呼ぶ表現にならえば、五〇〇光秒です。この距離は、偶然に決められたのでしょうか？　それとも、何か、宇宙の意志のようなものがあったのでしょうか？　というのも、もしこの距離が、今の値よりも一〇パーセント小さくても、あるいは一〇パーセント大きくても、今のような地球環境は、出現しなかったと思うからです。

もちろん、その前提にあるのは、〝今あるようなタイプの恒星としての太陽〟があるという仮定です。距離は、今と変わらなくても、そこにある太陽が、今の大きさよりも、ずっと大きかったり、小さかったり、あるいは、恒星の進化として、今とは異なるステージにあれば、そこから放出される熱量も違ってきますから、今のような環境は成り立ちません。

この問いかけに答えるひとつの考え方は、そのような距離であり、そのような状態の太陽だったからこそ、今のような地球が生まれ、人類が出現し、今、提示しているような問いかけを発する脳が形成されたのだ、と考えることです。これは、「人間原理」(anthropic principle) と呼ばれている考え方で、未来の予測に基づいて過去を演《えん》繹《えき》する、いわば、数学における「逆問題」に相当する考え方です。それは、それぞれの物理定数や条件が、偶然ともいえるくらいに調整された結果、現在の宇宙が出現したとする考え方です。

結論を言ってしまえば、「なぜこのような宇宙が存在するのか」という問いの答えは、極端な表現ですが、「そのような問いを発する人間が存在しているからだ」ということになります。

つまり、「そういうことを考える人間がいる」↓「その人間をつくっている主成分は炭素である」↓「その炭素は星の中で合成された」↓「星は生まれてから、炭素を合成するまでの長さを生き続け、最後は大爆発して、宇宙空間に自分自身をばらまかねばならない」↓「そのためには、それを可能にする星のサイズが決まらなければならない」↓「光速度、重力定数などが、ある値《あたい》でなければならない」↓「そのような性質をもつ宇宙でなければならない」というように、今、そのような問いかけをしている、このような人間が存在しているということから、宇宙の構造を決める因子が、逆に決まってくる、と考える推論の方法です。言葉を変えれば、宇宙の性質を決定するたくさんの定数たちは、それぞれが実に巧妙に調整されていたからこそ、今、私たちの存在が実現していると考えるわけです。

もう一度、くり返しになりますが、今、あるような私たちが存在しているからこそ、今、あるような性質の宇宙が存在しているのだという考え方です。このように考えると、「宇宙の始まりに、何か超自然的な意志があったのではないか」という前提をうまくクリアできますから、宗教的な情緒に流されることなく、議論を進められるというメリットがあります。とはいっても、「宇宙に、このような調和に満ちた性質があることは不可思議だ」と感じる心は残ります。

## ★脳がつくり出す宇宙

それでは、ここで私たちの太陽系の大きさを実感するために、縮尺で考えてみましょう。

まず、私たちの太陽を、夏みかんの大きさにたとえてみます。そこから一〇メートル離れたところにある大きさ一ミリの砂粒が地球です。一秒間に地球を七周り半するほどの速い光も、この尺度では、毎秒二センチ、カタツムリが動くくらいの速さになります。

さらに、夏みかんの太陽から七〇メートル離れたところに、サクランボの種があって、これが木星。百三〇メートルのところには、ほぼ同じ大きさの土星があります。そして、数百メートル離れたあたりに、砂粒よりもはるかに小さな塩の粒があって、これが二〇〇六年夏に惑星であるかどうかという論議をまきおこした冥王星です。

その先は何もない真空の真っ暗闇で、三〇〇〇キロメートル先に、やっと、もうひとつの夏みかんがあります。ケンタウルス座アルファ星で、私たちにいちばん近い恒星です。実際の距離は四光年、約四〇兆キロメートルです。

さらに、この縮尺でいえば、銀河系の大きさは、実際の月までの距離、三八万キロメートルの二〇〇倍、さらに、その距離の二〇倍くらいのところに、すぐ隣の銀河、アンドロメダ銀河M31があります。それでもまだ、私たちが実際に望遠鏡越しに見ることができる宇宙の中の、一〇〇万分の一くらいの部分にしか過ぎません。

宇宙の大きさからすれば、比較にならないほど小さい人間が、このように広大無辺な宇宙について知ることができるということは、驚きというより、とても不思議なことです。それは、すべて、私たちの脳がつくり出す意識の中にあります。

となると、今、存在している宇宙とは、それを考えている脳をつくった宇宙なのですから、もし、それ以外の脳があれば、〝別の宇宙〟が存在するかもしれない、ということになります。

さらには、それらを含めた根源的宇宙があって、そこから次第に枝分かれしながら進化してきたのが、この私たちの宇宙だとすれば、今、私たちが住んでいる宇宙のすぐ横に、私たちには見えない、感じられない〝別の宇宙〟が、隣り合わせに存在しているといっても、それを否定することはできません。

これが、いわゆる、「多重宇宙」マルチバース（multiverse）の考え方です。しかし、あくまでも数学上の話で、実際には、この〝別の宇宙〟に抜けるトンネルのようなものがなければ、私たちの意識には、何も感じられないでしょう。そこは、時間と空間が反転しているような、なんとも不可思議な世界かもしれません。

## ★「永久の未完成が完成」

このように考えを進めていくと、きりがなくなって、その理解の深さ、レベルにもよりますが、「宇宙の全貌を客観的に記述することはかなり困難な仕事である」ように思えてきます。それは、ものごとには「知れば知るほど、謎が深まる」という特質があるからです。

私が時折、お話の中で使う譬《たと》えで説明しましょう。

今、目の前に、自分が知らないある領域が広がっているとします。そして、学習することによって、その中の一部が理解されたとします。

その領域を、未知の空間の中に浮かんだ球体だとしましょう。その球体の表面は、未知との領域の境界面です。そこで知識の量が増えるということは、球体の体積が増えるということなのですが、それと同時に、未知との領域との境界面、つまり球体の表面積も増えることになります。言い替えれば、解けた謎の量が増えれば増えるほど、また、新たな謎が増えるということです。しかし、球体の体積は、そのサイズ、たとえば半径が大きくなればなるほど、半径の三乗に比例して大きくなります。その一方では、球体の表面積、すなわち、未知との領域は、半径の二乗に比例して増加します。ということは、「学ぶ」ことを通して、未知の謎も増えてきますが、わかったことと、わからないこととの差は、少しずつ狭まっていくということです。

あるいは、一挙に視点を変えることによって、全体を包括できるような認識の世界に飛び込むことができるのかもしれません。

敢えて言えば、その状態が、「悟り」ということなのかもしれません。

ここで思い出すのが、宮沢賢治、最晩年の宣言、「農民芸術概論綱要」のしめくくりの部分、結論として述べられている箇所です。

「……われらに要るものは銀河を包む透明な意志　巨《おお》きな力と熱である……

われらの前途は輝きながら嶮《けん》峻《しゅん》である
嶮峻のその度ごとに四次芸術は巨大と深さとを加へる
詩人は苦痛をも享楽する
永久の未完成これ完成である……」

（引用は、ちくま文庫『宮沢賢治全集10』より）

実に見事な宣言ですね。とくに、「永久の未完成が完成である」としているところに、賢治の力強い美学の出発点が見えるような気がします。おそらく、知の探求とは、そういうものなのでしょう。

## ★「無限」を「感じとる」ということ

さて、「永久の未完成」といえば、やはり「無限」を思い出します。限りなく、無限に近づくといったニュアンスです。ここで、数学の上の「無限」について、少しだけふれておきましょう。

私たちが、ものを数えるときには、0、1、2、3、4、……というように、どこまでも続く数の連なり（数列といいます）を想定しています。これを自然数といいます。その時、この自然数の連なりの中で、どんなに大きい数に着目したとしても、それに「1」を足せば、さらに大きな数が得られますから、この数列には最大数はなく、無限に続きます。その彼方にあるものを「仮無限」といいます。つまり、どこどこまでも続いていくという状況を想像し、その行き着く先があると仮定して、それを「仮無限」と呼んでいるわけです。

それに対して、自然数全体をひとくくりにして、同時的に捉えた状態での極限にあるものを「実無限」と呼んでいます。いずれも、具体的にその数を書くことはできませんが、その状態を「∞」という記号で書くことは、みなさんもご存じですね。

それでは、紙の上に、自然数の列を、1、2、3、……と横に書いてみましょう。そして、それぞれの数の下に、その数の2倍の数、すなわち、偶数を対応させて書いてみます。1の下には2、2の下には4、3の下には6……以下同様です。

ここで、この自然数の数列を1から10まで、つまり、10個の数からなる有限数列だとすれば、それに対応する偶数の数列は、2、4、6、8、10の5個になります。自然数の中には、偶数のほかに1、3、5、7、9のような奇数もありますから、この10個の自然数の有限数列を考えると、偶数の個数が5個で、10個の自然数の数より少ないのは当然のことです。

ところが、この自然数が無限に続いているとすれば、それに対応する偶数の列も無限に続きます。ということは、いずれの数列も無限に続くのですから、自然数の数と偶数の数は同じになってしまいます。言い替えれば、自然数の一部分であるはずの偶数の個数が、自然数全体の数と同じになる、ということであり、「部分の大きさと全体の大きさとは同じになる」という結論が得られます。日常の常識では、部分は全体よりも小さいのですから、「無限」とは、それを覆す状態だということになります。

これは、十九世紀末に、ドイツの数学者カントールによって、初めて証明された「無限」の不可思議な性質なのです。集合論という数学の分野における、基本的な考え方の一部です。「部分の大きさと全体の大きさとは同じである」という世界が、「無限」の世界です。

宮沢賢治が「永久の未完成これ完成である」と述べていることを、もし、「どこどこまでも、ものごとを追求していこうという永遠の試みがあって、それが永久に完成しないとしても、そのプロセス自体が完成なのだ」ということを意味していると解釈するならば、まさにこれは、「無限」の話とつながります。それは、部分が全体に一致してしまうのですから……。

この広大無辺な宇宙の中で、ほんとうに小さな人間という存在が、無限大という概念を想像できることこそが、なんとも不思議なことです。

そういえば、長野県上田市の山間に、前山寺《ぜんさんじ》というお寺があります。そこの三重塔には、欄干《らんかん》も窓もなく、他の塔からみれば、未完成の状態です。しかし、その落ち着いた面持ちと風格に満ちた美しさは、とても、未完成などとは思えません。なぜ、そのようなところで、工事が中断されたのか、ことの真相は知る由もありませんが、これもまた、「永久の未完成これ完成である」という美学の象徴であるような気がしています。

この章では、宇宙は人間にとって理解可能なのか、ということから考えを進めてきました。前にもお話ししたとおり、宇宙とはすべてを含む存在であり、私たちは、その中の一部に過ぎません。宇宙とは、全体なのですから、宇宙の外というものは存在せず、したがって、外から宇宙全体を眺めることはできません。

ということは、やはり、宇宙の理解は不可能なのでしょうか？

この設問の意味を考えるのに、先ほどお話ししてきた「無限」というものへの理解はヒントになるような気がしています。つまり、私たちが「無限」そのものを実際にこの手で摑《つか》み取ることはできませんが、「無限」を「感じとる」ことは可能でしょう。宇宙の理解とは、案外、そういうところにあるような気もしています。

## ★「第二の地球」の可能性

この章をしめくくるにあたって、私たちの地球が、水と樹木に恵まれた命の楽園であって、それを実現するためには、宇宙の構造の中に、驚くほど精密に調整された宇宙の定数があったことを、単なる偶然と考えるか、それとも、宇宙をそのように調整した「誰か」がいたと考えるべきかについて、お話ししておきましょう。

それは、とりもなおさず、この地球という星が、宇宙の中で特別の存在であるかどうか、ということです。もし、極めて特別な存在であるというのならば、そこには、宇宙の意志のようなものが働いていて、地球を宇宙の中に出現させた〝神〟が存在しているとしても、それはそれで不自然なことではありません。

この問題は、宇宙論のみならず、哲学、人文、芸術、宗教など、人類が長い歴史の中で育んできたあらゆる文明を意味づけるような、根源に迫る命題を含みますが、少なくとも現時点では、地球は、宇宙の中では決して特別優遇された存在ではないらしい、ということがわかってきています。

つまり、私たちの体の中にある水分を構成する水素も、太陽の中でエネルギーを発生する源となっている水素も、まったく同一のものであり、それゆえに、人類は、はるか彼方の宇宙の情報までも実験室の中で知り得るのだということです。言い替えれば、地上の実験室の中で水素を燃やした時に発光する光の性質がわかっていて、その一方では、太陽からやって来る光と比べてみると、両者に同じ性質が見てとれるということは、この宇宙に遍在する水素は同じものだということを意味しているからです。

二〇〇七年四月二十四日、欧州天文学連合の研究チームが、私たちの太陽系から二十光年、つまり、七夕《たなばた》の彦星、織姫星くらいの距離のところに、地球によく似た惑星「第二の地球」を発見したと発表しました。

今までも、このような太陽系外惑星はいくつも発見されていましたが、いずれも、木星のような巨大なガス惑星であったり、あるいは灼《しゃく》熱《ねっ》地獄のような環境であったりで、とても、生物の生息が許されるような環境ではありませんでした。それに引き換え、今回の発見は、地殻の構造や地表面の温度が地球の環境に似ているために、生命の存在の可能性もゼロではないと考えられています。

つまり、地球だけが恵まれた世界ではない、ということの可能性です。この発見自体が直ちに「地球外知的生命体」の発見に結びつかなかったとしても、宇宙における「地球型天体」の普遍性は、今後ますます高まっていくことが予想されます。

そうなると、宇宙をこのようにデザインした宇宙の意志、あるいは〝神〟のような存在があったのかという先の設問に戻りますが、その答えは、第2章でお話しした、宇宙探査機〈コービー〉や〈ダブルマップ〉がその証拠を摑《つか》んだ、宇宙誕生のきっかけとなった最初のさりげない一撃、その「ゆらぎ」を与えたそのものが、唯一の〝神〟の意志であった、と考えてもよさそうです。

といっても、それは、具体的な姿をしているというわけではなく、むしろ、〝自然の摂理〟といった方が妥当かもしれません。

# 7

# 宇宙の「からくり」に学ぶ「人生の歩き方」

## ★「自灯明」と「法灯明」

第1章で、宇宙の研究というのは、自分探しの旅であるとお話ししました。この章では、「自分」とは、いったい何なのか、についてお話ししてみようと思います。いつもわかっているつもりになっていても、謎のままの自分について、今回は、ちょっと違った視点から考えてみましょう。

まず、「自分」の「自」とは、〝自然〟のこと、そして、「分」とは、〝分身〟のことであると解釈すれば、「自分」とは、自然の分身、すなわち、これまで何度も、くり返してきましたように、自然、あるいは宇宙の「ひとかけら」としての自己という位置づけが見えてきます。

第1章では、自分で自分の顔は見られないということを強調してお話ししましたが、「自分」とは「自然の分身」である、と考えれば、そのことを実感し、理解することは、さほど難しいことではありません。自分の周りを見ることは、とりもなおさず、自分を見ることになるからです。そして、自分が「自然の分身」であることを認めるならば、それは、他との共存、共生ということでもありますから、〝他者に助けられ、また同時に他者に寄り添う〟という生き方でしか生きていけない、ということが見えてきます。

この〝寄り添う〟ということは、究極のやさしさ、慈愛だと思いますが、今、お話ししたような視点に立てば、宗教的、倫理的な立場からのおしつけがましい雰囲気が薄れてきて、宇宙の中で生きる人間として、そうあらねば生きていけないのだ、という気持ちにさせられます。このさりげなさは、この考え方に基づく「気づき」が、あくまでも、科学の視座に立っているからです。

そういった意味においては、科学と宗教は異なる分野ですが、宗教的情緒をもつ科学と、科学的感覚を失わない宗教との対話は、充分に可能でしょう。宗教多元主義の拡大解釈で、それこそが、最高善に至る道を私たちに示してくれるような気がしています。理性と情緒の、真の調和といってもよいかもしれませんね。

ところで、今、お話ししたようなことを基盤として、人生の指針を簡潔な言葉で表現したのが、ブッダなのです。

それは「自灯明《じとうみょう》」と「法灯明《ほうとうみょう》」です。これほど、自然と人間との関係を、明快に言い表した表現は、私の知る限り、ほかにはありません。ブッダの教えは、この二つの言葉に集約されているといってもいいでしょう。

まず、「自灯明」についてですが、これは、自分をよりどころにして、それを灯火として生きてゆくことを諭《さと》している言葉です。世間では、「自分をよりどころにして……」、「自分勝手に……」、あるいは、「自分の欲するままに……」というように誤解されがちですが、そうではなく、この考えの主体にはあるものは、まず「自分」すなわち、「自然の分身としての自己」です。あくまでも、「自分とは、宇宙の中のひとかけらであり、だからこそ、自然、宇宙のからくりを見極めた上でのまなざしが放つ光を灯火として、歩んでいきなさい」ということなのです。別の表現をすれば、そのような自分とは、〝整えられた自分〟だということになるでしょう。

そして、そのような自分のまなざしに映る自然、宇宙の様相を、さらに、次の道しるべにしていきなさい、というのが、「法灯明」です。ですから、「自灯明」と「法灯明」は、独立した別個の考え方ではなくて、互いに補完し合い、相互浸透した関係にあります。

## ★「自然は芸術を模倣する」

相互浸透ということで思い出すのが、十九世紀末にイギリスで活躍した代表的作家オスカー・ワイルドの言葉「自然は芸術を模倣する」です。

ワイルドは、童話「幸福な王子」などで、広く世に知られていますが、パラドクシカル（逆説的）な芸術論などでも、ユニークな業績を残しています。さて、この表現は、自然が先なのか、あるいは、それを表現できる人間の感覚が先なのか……という哲学上の問題を私たちに突きつけています。

たとえば、ベートーヴェンの「交響曲第六番〈田園〉」の中には、鳥たちの鳴き声を模した部分があります。また、バッハの「マタイ受難曲」の、いちばんの聞かせどころ、イエスを図らずも裏切ってしまったペテロの悔恨を歌う有名なアリア〝神よ、憐れみ給え（Erbarme dich, mein Gott)〟は、滴《したた》る涙の音が弦のピッチカートでリアルに表現され、作品全体の中で最も感動的な部分のひとつです。いずれも、音楽という「芸術が自然を模倣する」という例です。

一方、私たちは、「クマ」といえば、大きなホッキョクグマからテディーベアまでを思い描くことができます。どうやら、「クマ」という言葉は、この現実に存在するクマという動物全体をまるごと表現できるラベルのような性質をもっています。つまり私たちは、「クマ」という見えない言葉によって、今、自分の前に実物のクマがいなくても、クマそのものの存在を想像することができます。

それと同じように、「美しい」という言葉を聞けば、美しい景色、美しい音楽、あるいは美しい花の風情などを思い浮かべ、〝美しいという感じ〟を実感することができます。しかし、この場合も言葉は目に見えません。さらには、美しいと感じる対象は、各人各様で違っていたとしても、「美しい」という言葉の意味は、すべての人に共通です。

私が、〝美しい〟と評した花をあなたが見て、〝美しくない〟と言ったとき、あなたは、あなたにとっての「美しい」という言葉の意味を理解しているからこそ、〝美しくない〟と言えたのです。言葉というものは、自分の中にあって、同時に自分の外にあるという、不思議な存在のようです。哲学的にきちんといえば、言葉は、その言葉以外のことを意味しない、ということでしょう。

となると、言葉なんて、しょせん目に見えないのだから、現実には存在しないということになるのでしょうか。

いいえ、そんなことはありません。私たちは、言葉によって、現実をつくっているともいえます。「太陽」という言葉で、すべての人が認める太陽という現実の存在をつくり上げることができます。そこで、太陽という言葉を調べるために、辞典類を見れば、太陽の説明は、やはり言葉によって説明されます。その説明文の言葉をよりくわしく説明するためには、さらに言葉が必要になります。

そんなとき、音や色彩や、あるいはさまざまな造形などを通して、今、目に映っている現実を表現できるのであれば、「自然は芸術を模倣する」と言ってもいいでしょう。それは、ある芸術作品に接する人が、その人の感性を通して、自然を理解する、ということですね。

## ★「慈悲」とは心から願うこと

そこで、先ほどの「自灯明」と「法灯明」です。

〝自然の分身として整えられた自分を灯火とする〟ということとは、自然に対して、徹底的に〝寄り添う〟ということであり、自然と同化するということでしょう。

自分が見ている自然は、同時に、今の自分を現実のものにしていてくれる自然の姿であり、それらを包括した意識は、自然と自分を超えて、ひとつに完結した存在です。

ですから、そのような意味で、「自灯明」と「法灯明」は、相互浸透した状況だといえるのです。

ただ、ここで重要なことは、〝そのような想い〟は、ひとりよがりの妄想であってはならないということです。そこには、普遍的な正しい論理に裏打ちされた思考プロセスがなければなりません。その思考を支えるのが、理性と情緒のバランスだと思います。あることを、まるごと感じることができる情緒、それが正しいと判断できる素地と論理的解析力、しかる後に、対象物との合一において、新たな認識に至るというプロセスです。

「自灯明」と「法灯明」を支える出発点は、〝寄り添う〟ということであるとお話ししました。このことの真髄を表現する言葉が、実は「慈悲」です。

日本語では、「慈悲」をひと続きの熟語として理解していますが、元々の、インドの古い言葉、サンスクリット語やパーリ語などで言えば、「慈悲」の「慈」は「メッタ（mettā）」、「悲」は「カルナー（karuṇā）」のことだとされています。

つまり、「慈」の元々の意味は、「人に安らぎを与えてあげたいと心から願う」ということです。「心から願う」という視点は、素晴らしいですね。そこには、安らぎを与えてやる、という傲慢さがありません。〝寄り添う〟という気持ちに満ちています。

一方で「悲」とは、「相手の苦しみを取り去ってあげられたらいいなと心から願う」ということです。ここにも、「相手の苦しみを取り去ってやる」という傲慢さはありません。ただ、ひたすら〝寄り添う〟ということの美しさです。

これが、ほんとうの「愛」の姿なのでしょうか。そうして、これらのさらに根底にあるブッダの思想は、「アヒムサー（ahiṁsā）＝傷つけない」です。

このブッダの限りなくやさしい想いは、金子みすゞの次のような詩になって、私たちに、ふたたび、語りかけてきます。

**さびしいとき**

**わたしがさびしいときに、**
**よその人は知らないの。**

**わたしがさびしいときに、**
**お友だちはわらうの。**

**わたしがさびしいときに、**
**お母さんはやさしいの。**

**わたしがさびしいときに、**
**ほとけさまはさびしいの。**

（ＪＵＬＡ出版局『金子みすゞ童謡集／明るいほうへ』より）

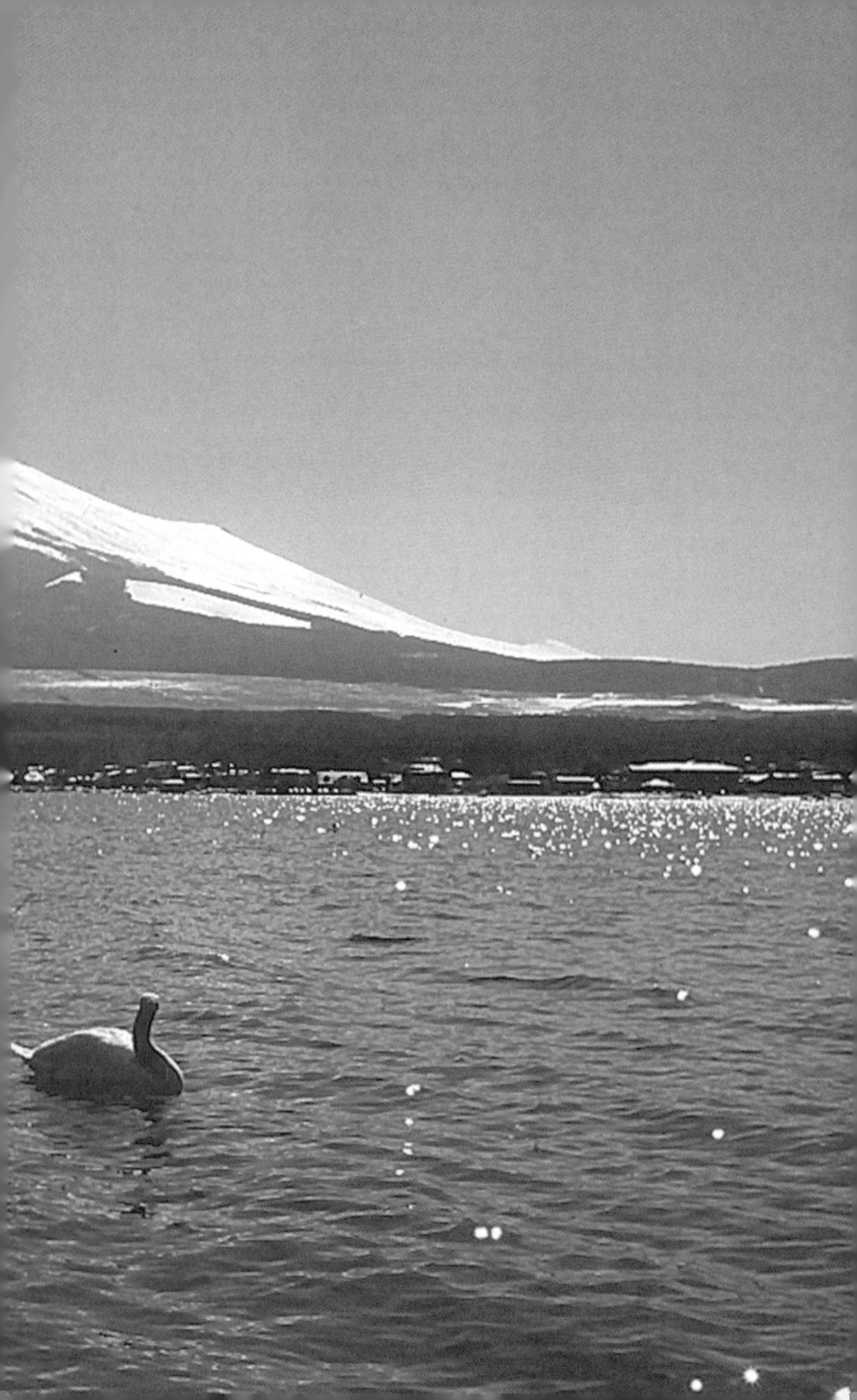

## ★「あきらめる」のほんとうの意味

このように、宗教、とりわけ仏教の基本にあるものは、〝寄り添う〟ということですが、これを、あたかも寄り添っているかのように見せながら悪用すると、世にいう「悪徳商法」まがいの宗教になります。それは、人々の不幸につけこみ、そこからの脱却条件として、金品を摂取するというものです。

ほんとうに不幸からの脱却が果たせるのならば、それはそれで認めないわけにはいきませんが、問題は、人々の不幸をますます助長するような環境を作為的につくり出し、あくことなき摂取が延々と続けられるというところです。たとえば、この品物を買えば、不幸が幸福に転じると言って購入させる。そこで、買った人が、一向に幸せにならないと言ってクレームをつけると、それは信心が足りないからだと言って、さらに、高額の品物を売りつけたり、献金を強要したりするものです。

こういうことが起こってしまう背景には、不幸を背負っている人の苦しみには計り知れないものがあり、藁《わら》をも摑《つか》みたい心があるからです。

この気持ちは、もちろん自然な情動であり、誰にでも起こり得ることですが、しかし、これを乗り切るための考え方を、仏教では、実に巧妙に提供します。それは、「あきらめる」ということの意義を教えていることです。「あきらめる」という言葉の真意は、ものごとの在り様を「明らかにする」ということです。

ショウ・ウインドウの中においしそうなケーキがあって、それを食べたいとしましょう。見ていると、どうしても食べたい。しかし、おいしいかおいしくないかは、食べてみないことにはわからない。つまり、おいしそうに見えても、ほんとうのところは不明です。お金を払って食べてみて、おいしくなかったら、みじめな気持ちになってしまう。とはいえ、おいしいかもしれない……やはり食べてみたい……でも、ちょっと考えてみよう。「あのケーキはきっと甘くてカロリーが高いだろう。となると、メタボリック・シンドロームに一歩近づくかもしれない」……などと思考をめぐらしたあとに見えてくる結論とは……。

「あのケーキは自分にとって必要かどうか見極めてみたが、今や必要でなくなった。したがって買うことはやめよう」と判断することになり、これが「あきらめる」ということです。

ケーキを買って食べる必要性がなくなった、ということが「明らかにされた」というわけです。「あきらめる」とは、決して、ものごとがうまくいかないからといって途中で放棄する、ということではありません。必要でないことを「明らかにする」ということなのです。投げやりになって、やめるということではありません。

### ★「神は絶対に自分を見放さない」という前提

ある仏教学者から聞いたお話ですが、次のようなブッダの逸話が、残っているそうです。

ガウタミーという女性がいました。愛児を亡くした彼女は、悲しさのあまりその遺児を抱いて、街中を駆け回り、生き返らせてくれる人を探し歩いていたときに、ブッダが奇跡を行なうという噂を聞きつけ、ブッダの所へやって来ます。

「あなたは人を生き返らせることができると聞きました。私の子どもを生き返らせてください。」

これを聞いたブッダは、こう言ったというのです。

「ひとりの死者も出していない家を探しなさい。そして、そこから辛子《からし》の種をもらって来なさい。もし、その種をもらって来たら、子どもを生き返らせる薬を私はつくってあげよう。」

ガウタミーは街中の家を一軒一軒、尋ねて回りましたが、ひとりの死者も出していない家を見つけることはできませんでした。その結果、ガウタミーは、自分の愛児の死を受け入れねばならないことに気づいた、という話です。どこの家にも悲しい別離はあった。その事実を知ることによって、愛児を生き返らせることを「あきらめた」ということです。この場合の「あきらめる」とは、人は誰しも死ぬ、ということを「明らかにする」ことであり、それは、辛く悲しいことではあるけれども、それを受け入れねばならないというのも現実なのです。ブッダは、頭から教えるのではなく、自分の体験から、真実を悟らせるという方法をとったのでした。

キリスト教などに代表される一神教の世界では、「あきらめる」ということは、「神の意志に添う」こと、と考えることによって納得する場面が多いようです。

なにかほしいものがあっても、「今は、私がそれを手にすることを神さまが欲していない」と考えて〝あきらめる〟というわけです。しかし、そこまで神の意志を尊重し、神に従うということには、ひとつの大きい前提があります。それは「神は絶対に自分を見放さない」という前提です。これが、一神教的な強さの根源です。

しかし、この考え方も度を越すと、そこには危険も潜んできます。すなわち、「神は決して見放すことはしない」、したがって、「神の命令とあらば、命を投げ出しても行なう」ということになり、神の名において、人を殺《あや》めることさえ許されてしまうという危険性です。聖戦もテロ行為も、その延長線上にあります。

本来の宗教の役割からいえば、「神は自分に必要なものをすべて与えてくださる」

と説くいっぽうで、「それが与えられないのは、自分に心の準備ができていないし、今はまだ、必要でないからである」と説くべきでしょう。これが、ヨーロッパ社会における「あきらめ」の構造であるように思います。

## ★「裁き」の宗教と「輪廻」の宗教

かつて中東を訪れたときに、ひじょうに印象に残った言葉があります。それは、「イン・シャー・アッラー（もしも神が欲し給うならば）」というアラビア語です。ほんとうに、日常生活の中で飛び交っています。

大学での講義に遅れて来ても、それは、出掛けに電話がかかってきて、授業に出ることよりも、その用事を優先することが神の思《おぼ》し召しだと思ったから遅れました、というわけです。そこで「イン・シャー・アッラー」と言ってしまえば、すべては許されることになります。彼らにこう言われると、こちらは引き下がらざるを得ないのですが、これが「命令型宗教」の典型です。

命令型宗教の根幹をなす仮定は、神の教えを守りさえすれば、あとは、神がすべての責任をとってくださる、という神への強い信頼にあります。それは、他方から見れば、すべての裁定は、神さまの意志であり、「裁き」の宗教と言ってもよいのかもしれません。ここにも、一神教の特質があるように思います。

これに対して、仏教には、「裁き」の思想が顕著ではありません。悪事を働くと地獄で閻魔《えんま》大王に懲《こ》らしめられるという話もありますが、これは、本来の仏教思想にはなく、一般庶民に道徳観念を理解させるための一助として考案された説話だと考えられます。この「裁き」を積極的に考えることの必要性がない前提には、おそらく、因果応報の法則といいますか、「輪廻《りんね》」を信じているということがあるのかもしれません。誰か悪いことをした人がいれば、その人を罰したいという気持ちは当然起こるのですが、それよりも、「悪事を働いた以上、今度生まれ変わってくるときには罰《ばち》があたって苦労するだろう」と考えて、「裁き」へと走らないのかもしれません。

それに引き換え、今の日本の状況は、「相手を厳しく裁く」ことだけが目的になり、

「裁いてしまえば、それで安心」してしまう、もう少し言えば、裁き、相手を罰するという行為でしか、心の安定を図る術《すべ》をもたないという風潮です。仮想敵国がないと成立していかない国際関係のようなものです。

法律学者でもない私が、死刑制度について、軽々しく論議することは避けねばなりませんが、死刑執行最多国の異名をもつわが国にとって、かつてはギロチンを生んだフランスで、ある市民団体が発表したとされる声明が、印象に残っています。それは、「公衆の面前での死刑執行は残酷だ」と言って執行場所を人目につかないところへ移すくらいなら、執行したか執行しないかが不明なのであるから、いっそ死刑はやめてしまおう、というものです。極端な考え方ではありますが、耳を傾ける価値はあると思います。

とくに、現代のわが国において、「あの世で裁かれる」というような信仰もなく、「生まれ変わったときに懲らしめられる」という輪廻の思想もなく、ただ、「この世で裁いておかないと安心できない」という刹那《せつな》的な考えしかないという現状は、ほんとうにさびしいかぎりです。

## ★ブラームスの「ドイツ・レクイエム」

「一切を神にゆだねる」ということから、死への恐怖を取り去ろうという試みは、キリスト教など、一神教の根幹をなす思想です。「新約聖書」の中で語られる、有名なイエス・キリストの言葉を引用すれば次のようになります。

「だから、明日《あす》のことまで思い悩むな。明日のことは明日自《みずか》らが思い悩む。その日の苦労は、その日だけで十分である。」(新共同訳「マタイによる福音書」第六章より)

それを受けて、同じく「新約聖書」、パウロの「ローマ信徒への手紙」第五章には、次のようにも記されています。

「神の栄光にあずかる希望を誇りにしています。そればかりでなく、苦難をも誇りとします。わたしたちは知っているのです、苦難は忍耐を、忍耐は練達を、練達は希望を生むということを。希望はわたしたちを欺《あざむ》くことがありません。」

そして、私が終生聞き続けるのではないかと思うほど好んで聞いているブラームス作曲の「ドイツ・レクイエム」の冒頭は、「マタイによる福音書」第五章第四節に書かれた有名な一節から静かに歌い出されます。私の言葉でいえば、「悲しんでいる人々は、幸いである、その人たちは、かならずや慰められるであろうから」。

プロテスタントであったブラームスが、「レクイエム」というカトリックの形式に準じたラテン語ではなく、敢えて引用したマルティン・ルターによる流麗なドイツ語訳を使った大作です。

原語では、「Selig sind, die da Leid tragen, denn sie sollen getröstet werden.」となっています。

そして、ブラームスはこのあとに続けて、「詩篇」第百二十六篇第五、六節を引用しています。

「涙と共《とも》に種を蒔《ま》く人は
喜びの歌と共に刈り入れる。
種の袋を背負い、泣きながら出て行った人は
束《たば》ねた穂を背負い
喜びの歌をうたいながら帰ってくる。」

神さまは、決して相手を見捨てることをしない、必ずや、信じるものは救われるという考え方ですね。

これと対照的なのが仏教です。そこでは、すべてが、最初から救済の対象とされて

います。たとえば、第2章でお話しした親鸞の「歎異抄」です。

「善人なをもて往生をとぐ、いはんや悪人をや。」

のくだりです。

この思想では、私たちが、常識で考えている「善」と「悪」を逆転させて、その矛盾を超えたところに、ほんとうの救済があるとしています。矛盾の先にある真理といえば、現代数学の考え方を根底からひっくり返した、ゲーデルの不完全性定理を思い起こします（この定理については、次の章であらためて少し触れたいと思います）。

それはともかくとして、人知の及ばない宇宙、あるいは自然の摂理のようなものを感じているという謙虚さは、私たちの人生を、必ずや潤いのあるものにしてくれることは間違いないと思います。たとえば、ある危機的状況をかろうじて回避できたときなど、「ああ、ついていてよかった」と思うか、「誰かに守られていたのだ」と思うかによって、その後の人生は大きく変わると思います。

## ★シューベルトの「子守歌」

ところで、ブラームスといえば、とてもやさしい「子守歌」の作曲者としても有名です。

「おやすみ、おやすみなさい、
バラの花におおわれて、
なでしこの花のそえてある
ベットにもぐるのよ。
そして、明日の朝、神さまの思し召《おぼめ》しがあったとき
目を覚ましましょうね。」（筆者訳）

という詩です。

この最後の部分、原語では、

「Morgen früh, wenn Gott will, wirst du wieder geweckt.」

ですが、ここが、なんともいいですね。

「明日の朝、あなたは目覚めるでしょう」ではなく、「wenn Gott will」つまり、「神さまの思し召しがあったら」、あなたは目覚めるでしょうというのです。「神さまがお呼びになるまで、ゆっくり寝るのよ……」ということです。子守歌でさえも、神さまにすべてを委ねているところが興味深いところです。

ブラームスの「子守歌」と並んで、これもまた有名な「子守歌」に、「眠れ、眠れ、母の胸に……」という訳詩で親しまれている、シューベルトの作品があります。

この曲は、第2章で紹介した新美南吉の、有名な童話作品「手袋を買いに」の中にも登場します。雪の降る寒い夜、お母さんキツネにもらった白銅貨をしっかりと握り締めて町の帽子屋に手袋を買いに向かうコギツネ。念願の手袋を買って、山の洞穴に戻る途中、ある家の前を通りかかると人間のお母さんが、子どもを寝かせるために、このシューベルトの「子守歌」を歌っているという場面です。それを聞いた途端、コギツネは、急にお母さんが恋しくなって、走り出してしまうのです。

さて、そのシューベルトの「子守歌」のドイツ語原詩の中で、どうしても理解できない部分があって、私にとってもう、半世紀以上も、謎のまま残されている箇所があります。第二節の冒頭です。

「Schlafe, schlafe, in dem süßen Grabe」

この「Grabe」とは「お墓」のことです。直訳すると、「この心地よいお墓の中でお眠りなさい」ということになります。

知り合いの何人かのドイツ人に聞いても、「ああ、そう言われればそうですね」と言うばかりで、その回答はずっとお預けのままです。そのうちに、私が非常勤で講義をしていたある国立大学に、やはり非常勤で来ていた他の大学の先生と知り合って、この話をしたところ、その先生も気づいてはいなかったのですが、「それは、面白いですね」と言われて、しばし、炉辺談義になりました。

「心地よいお墓の中でおねんねしなさい」とは、どういうことなのでしょうか。死を〝永遠の眠り〟といって、眠りに譬《たと》えることはありますが、眠りを死に譬えるということは聞いたことがありません。となると、これは、〝亡くなった子どもに対しての子守歌〟なのでしょうか。それにしては、曲があまりにも優しく明るすぎます。

あらためて、シューベルトの生きた時代を考えると、その頃のドイツ、オーストリア一帯には、疫病などが大流行していて、幼い子どもの死亡率は、極めて高かったようです。その時代を反映してのことかどうかは定かではありませんが、シューベルトは、「死」にまつわる作品を数多く書いています。

たとえば、ゲーテの詩による歌曲「魔王」。嵐の夜、病気の子どもを抱いて馬で疾走する父親。父親には見えない魔王の姿に怯《おび》える子ども。心配するなと、子どもを必死でかばいながら父親は先を急ぎます。その子どもを死の国へ誘おうとする魔王の甘い誘いの声、そして、やっとの思いで家に着くと、「腕の中で子どもは死んでいた(In seinen Armen das Kind war tot.)」と、締めくくるのですが、このひとことが、私たちの心になんとも言えぬ恐ろしさで楔《くさび》を打ち込み、それらのすべてが交錯して、聞くものをすさまじい現実感でとらえて離さない、不朽の傑作です。

さらに、よく知られている作品に、クラウディウスの詩による「死と乙女《おとめ》」という歌曲があります。これは後に「弦楽四重奏曲第十四番ニ短調」の第二楽章としても採り上げられている旋律ですが、その詩は、美しい乙女を死神が〝私の腕の中で心地よく眠らせてあげよう〟と、やさしく誘うという内容です。

とても気になるのが、死神を拒み続ける乙女の、死神へ呼びかける言葉が、変化していくくだりです。最初は、「この粗野な骸骨男（wilder Knochenmann）！　あっちに行って！」と言っていたにもかかわらず、やがて、やや、親しみをこめて「あなた」というようなやさしいニュアンスで「Lieber」と言っています。〝愛する人〟というような雰囲気もある言葉で、何か、死を〝安らぎ〟として受け入れているようにさえ思えます。

いずれにしても、この時代における死は、私たちが日常生活の中で忌み嫌うニュアンスとは少し違うようです。死は、永遠の安息の世界である、というキリスト教の考え方が根底にあるからでしょうか。

シューベルトの「子守歌」で、もうひとつ気になるのは、この歌詞の中に「Bringt dir schwebend dieses Wiegenband」という箇所があることです。実は以前、東北地方や九州地方の農村などで幼児を連れて農作業に出向く主婦たちは、子どもを箱型の籠の中に入れていて、その籠には前後に揺らすための紐《ひも》（Wiegenband）がつけられているのを見た記憶があります。これも、あるドイツ文学者に伺ったところでは、ドイツでも、かつて、そのような揺り箱が使われていたことがあったとのことです。となると、その箱は棺桶《かんおけ》に似ていることから、「お墓」という発想が生まれたとも考えられますが、それでも、なんとなくすっきりしません。

さらに言えば、「お目覚めしたら、ごほうびにユリとバラをあげましょう」（Eine Lilie, eine Rose, Nach dem Schlafe werd sie dir zum Lohn.）というところもひっかかります。なぜなら、ヨーロッパでは、ユリは純潔の象徴であり、バラは愛情を表しますが、立派なお墓の添え物の植木としても、ユリとバラがよく使われるからです。

そこで、さらに想像をたくましくすれば、この子守歌の後半にでてくる一節、「お眠り、綿毛のおふとんに包まれて（Schlafe, schlafe in der Flaumen Schosse）」の中で、「Schoss」は「Knie」（膝《ひざ》）と並んで、上腿《じょうたい》部から下腹部にいたる空間のことを意味する言葉で、母胎、子宮の部位も思わせます。となると、「生」の起点である子宮が、転じて「Grab」（お墓）という表現になったとも考えられます。

ということから、この謎は未だに解けていませんが、少なくとも、キリスト教国においては、「死」もまた、現実の「生」の延長線上にある、永遠の「生」の中の一部だ、という思想を反映しているのかもしれません。


余談ですが、このシューベルトの「子守歌」に、私自身がこれほどまでにこだわったのは、私にとってこの「子守歌」は、幼少時代の原体験になっているからです。というのは、昭和十年代という遠い昔に、まだ私がほんとうの幼児だったころ、今でい

う お手伝いさん（当時は〝子守り〟と呼んでいたようです）として、我が家に住み込んでいた当時十五歳くらいの女性が、私をおんぶしながらよく歌っていたのが、この「子守歌」だったと聞かされていたからです。

そのきっかけは、この「子守歌」を聞くと、何か、通常とは違う、懐かしいような不思議な感覚に陥ることがあって、その理由がずっと気になっていたのですが、ある時にそのお手伝いさんのことを聞き、納得したのでした。それにしても、西洋の音楽など、民間ではめずらしいこの時期に、どうしてこの女性がこの「子守歌」を知っていたのか、できることならば、聞いてみたい気がします。東京荻窪の桔梗屋という染物屋さんの娘さんで、「きく」という名の女性だったようですが、お元気だったら、ぜひともお会いしてみたいと思っています。

では、最後にもう一度私の訳で「子守歌」全文を掲げて、この章を閉じましょう。

お眠り、愛《いと》しくかわいい子よ。しずかにお母さんの手が揺《ゆ》する。
おだやかな安らぎとやさしい休息。
この揺り紐《ひも》で揺らしてあげよう。

お眠り、このやさしいお墓の中で。
お母さんがずうっと抱きしめて護《まも》ってあげます。
すべての望み、すべての持ち物、暖かい気持ちで見守ってあげます。

お眠り、綿毛のおふとんに包まれて。
あなたを包んで鳴り止まないのは愛の響きばかり。
……お目覚めしたら、ごほうびにユリとバラをあげましょう。

# 8　豊かな未来を夢見て

## ★無限の広がりをもつ脳の中

小学生相手の特別授業で、広大無辺な宇宙の話をしたときのこと、二つの質問をしてみたことがあります。

ひとつは、〝世界中でいちばん大きいものって、なんだろうね？〟

宇宙だの、超宇宙だの、いろいろな言葉が飛び出しましたが、その中で、〝それは、僕たちの脳だと思います〟と答えた子どもがいて、びっくりしました。すばらしい答えです。

パスカルが、その代表的著作「パンセ」の中に記している有名な一節があります。

「人間はひとくきの葦《あし》にすぎない。自然のなかで最も弱いものである。だが、それは考える葦である。」

実はこの先が重要です。パスカルは、続けます。

「彼をおしつぶすために、宇宙全体が武装するには及ばない。蒸気や一滴の水でも彼を殺すのに十分である。だが、たとい宇宙が彼をおしつぶしても、人間は彼を殺すものより尊いだろう。なぜなら、彼は自分が死ぬことと、宇宙の自分に対する優勢とを知っているからである。宇宙は何も知らない。」

（前田陽一・由木康訳より）

確かに、私たちの想いは、あっという間に遠い宇宙の先にまで、あるいは、目には見えない原子の世界や、時間の世界にまで、飛んでいくことができます。そういった意味では、人の脳の中こそが、すべての存在の中で、無限の広がりをもつものだといってもいいでしょう。

現代科学の成果のひとつは、本来見えないものを、見えるようにする技術を開発したことだともいえます。しかし、このことは、「見えない音」より「見える視覚情報」を重視する傾向を生み、「見えるものしか信じない」という社会通念をつくり出してしまいました。現代社会における「話し言葉」の乱れの要因は、まさに、「聴く言葉」を軽んじている点にあるように思います。すべてを視覚化して、見えるようにしてしまったという、文明の負の成果です。

一方、聴覚は、私たちの精神活動に重要な役割を演じています。というのも、私たちは、生命の発生から人として誕生するまで、母親の真っ暗な胎内で過ごすため、外界との情報交換は聴覚を経由するしかなく、音の刺激により脳を発達させると考えられるからです。このことを裏付けるように、最近の遺伝子レベルの研究からは、言葉が芽生える前のコミュニケーション手段は音であった、ということが明らかになってきています。

それらに加えて、聴覚がとらえる信号は、時間の経過とともに、消えていきますから、その情報は、時系列によって構成されています。ということは、時の流れにしたがって、どう展開していくかという論理的思考を強いられています。視覚は、情景を一度に把握できますが、時系列による論理的処理はできません。

脳科学の研究が明らかにしたところによれば、人間の思考はすべて、暗黙のうちに、言葉を介して行なわれていることが検証されています。音を伴った言葉がもつ力に計り知れないものがあるのは、そのためでしょう。頭の働きを維持するための方法として、音読の効果が著しいということも、うなずけます。

ところで、簡単な計算をしたり、音を何気なく聞いているときには、右脳が活性化されるようですが、少し複雑な計算になると左脳が活性化されて、そこで、問題を言葉に変換して情報処理がなされることが、最近の研究で明らかになってきました。算数も言葉を介して、つまり国語で解いているということですね。言い替えれば、算数と国語は、互いに相互補完的に絡みあいながら、共存する科目だということになります。

# こころ

おかあさまは
おとなで大きいけれど、
おかあさまの
おこころはちいさい。

だって、おかあさまはいいました、
ちいさいわたしでいっぱいだって。

わたしは子どもで
ちいさいけれど、

**ちいさいわたしの**
**こころは大きい。**

**だって、大きいおかあさまで、**
**まだいっぱいにならないで、**
**いろんなことをおもうから。**

（JULA出版局『金子みすゞ童謡集／わたしと小鳥とすずと』より）

## ★人の思いは、光より速く伝わる

さて、小学生にした、もうひとつの質問は、〝この世界でいちばんはやいものは、なんだと思う？〟というものです。

それは、七夕《たなばた》の話をテーマにした授業のときでした。織姫（ヴェガ）と彦星（アルタイル）という星は、光の速さでも、二十年以上もかかるくらいに離れた距離にあります。となると、織姫さんと彦星さんが一年に一回会うことはできないのではないか、という話になってしまいました。そこで登場したのが、先ほどの質問です。光より速く飛べるロケットをつくるとか、二つの星をくっつければいいとか、いろいろな意見が出ましたが、その中で最もなるほどと思ったのが、こういう答えでした。

「人の思いは、光よりはやくつたわる」

厳密に考えれば、人間の思いも、意志の伝達という結果がなければなりませんから、光の速さを超えることはできませんが、この情緒的な発想は素晴らしいですね。

ここで、光について、少しばかりお話ししておきましょう。

考えてみれば、星からの光は、気が遠くなるほどはるかな天空の彼方から、何十年、何百年、いえ、何万年という時間をかけて、疲れることもなく、私たちの「ひとみ」のところにまで旅してきます。そんな光の正体とは、いったい何なのでしょうか？

暗い場所で、壁に向かって懐中電灯を照らすと、丸い光の輪ができますね。もし、壁と電灯との距離が二倍になれば、光の輪の直径も二倍になり、照らされている面積は四倍に広がります。つまり、単位面積当たりの明るさで考えれば、もとの明るさの四分の一にまで暗くなっています。明るさは光源からの距離の二乗に反比例して暗くなる、ということです。

そこで、もし太陽が今の位置、つまり光の速さで走って八分と二十秒くらいかかる場所から、光で一年くらいかかるあたり（一光年ですね）にまで遠ざかっていったとすれば、人間の目では感知できないほど、暗くなってしまうことが計算によってわかります。しかし、現実には、地球から数百光年離れたところにあって、しかも、太陽と同じくらいに輝いている星でも見えています。この謎を解く鍵は、光が小さな粒々からできているという事実にあります。

実は、光のエネルギーというものは小さな粒の中に閉じ込められていて、どんなに遠くまで飛んでいっても変わりません。ただ、星からの距離が離れれば離れるほど、光の粒子は周囲に広がりますから、粒々の密度は小さくなります。そのために、全体としては暗くなるのですが、光の粒そのもののエネルギーは変わりません。

その一方で、光が空気中から水に入るときには、その経路が曲がります。水の中に入れた棒が曲がって見えたり、見た目よりも実際の水深が深く見えたりするのも、同じ理屈で、光の屈折と呼ばれる現象が原因です。いずれも、光が、波の性質をもっていることの証拠なのです。また、レースのカーテンが重なっていると、そこに縞模様《しまもよう》ができたりするのも、光が波であることを示す証拠です。この現象は、水面を移動する波の進路が障害物や水深によって曲がったり、二つの波紋が重なって縞模様をつくったりする様子からも、推測できますね。「波の干渉」と呼ばれる性質です。

ということは、光は粒であると同時に波でもある、ということなのですね。

この矛盾めいた事実の解明には、量子力学の知識が必要ですが、ひとことで言えば、光は見る側の状況や、どういう装置を使って見ようとしているかによって、つまり、見ようとしている相手に対して、自分の姿を自由に変える、ということなのです。カメラのレンズを向けられただけで相手も表情を変えてしまうように、〝見る〟ということが、相手を変えてしまうということなのですね。つまり、「自然界のものたち」は、見るものと、見られるものとが、互いに関わりあいながら、真実の姿を垣間見せているというわけです。

## ★「だいすきだから、だいきらい」

人間と機械の違いは、人間は、ときとして、矛盾を矛盾として感じない心の働きをもっているということでしょう。第3章で、日本の神道にはおおらかな寛容さがある、というお話をしましたが、それは、矛盾をまるごと受け入れているという観点の延長線上にあることだ、と考えることもできます。

この矛盾をまるごと受け入れる、ということの私の最初の経験は、まだ私が幼稚園の園児だった頃でした。私が、クラスメートの女の子に、きっと気にさわるようなことをしたのでしょう、そのときに彼女が言った言葉を今でも鮮明に憶《おぼ》えています。

「はるおちゃんのこと、だいすきだから、だいきらいよ」

大好きだから大嫌いという、一見、矛盾とも思えるこの言葉も、よく考えてみれば、そもそも好きでなければ、嫌いだ、などと声を張り上げて言うことなどなかったといえるでしょう。後々までも、このひとことが、強烈な印象として脳裏に刻みついています。この幼少体験は、のちに、大学で数学の勉強をするようになってから、再び大きく甦《よみがえ》ってきて、（数学の世界においての話ですが）矛盾の奥に潜む真実、というものに興味をもつきっかけになりました。

街の塀などでよく見かける「落書きするな」という落書き。「貼り紙禁止」と書かれた貼り紙。それぞれ見事な自己矛盾をはらんでいますが、普段は、何事もなかったかのように見過ごしています。それから最近、気がついた光景ですが、絶対にわき見運転をしない限り、見ることができない位置に設置された「わき見運転するな」という警察署の垂れ幕。これも、面白いですね。

考えてみれば、神の存在というのも、矛盾の先にあるようです。キリスト教会などでも、〝まず、信じなさい〟などとよく言われますが、この言葉が意味するところは、〝まず、矛盾をまるごと認めなさい〟ということなのでしょう。

## ★真偽の決定が不可能な命題

選挙があるたびに、しばしば耳にするこんな言葉も、よく考えてみるとユニークな表現です。〝私は決してウソは申しません〟。

もし、この候補者が、ウソをつかない人だったら、この表現は正しいでしょう。しかし、もし、この候補者がウソつきだったとしたら、〝ウソをつかない〟という表現はウソなのですから、〝私はウソをつく〟ということを言っていて、それは真実だということになります。ですから、候補者が、正直者であっても、ウソつきであっても、〝私は決してウソは申しません〟という以外、言い方はないのです。つまり、このような表現からは、真実を見極めることはできません。

では、もうひとつ、こんなお話はいかがでしょう。

あるところに、人魚のお母さんと子どもが仲良く暮らしていました。ところが、ある日、人魚の子どもは、人食いサメにさらわれてしまいます。サメは人魚のお母さんに「もし、私がこの子をお前に返すか、返さないかをうまく言い当てることができたら、お前に返してやろう」と言います。

人魚のお母さんは賢く、こう答えます。「あなたは子どもを返さないでしょう」。

そこでサメは考えます。子どもを返さなかったら、お母さんは、サメの行動を言い当てたことになり、サメは子どもを返さなければなりません。それでは、子どもを返してしまえば、お母さんの推測は外れたことになりますから、実は子どもを返してはならなかった、ということになります。いずれも、サメにとっては大矛盾をかかえることになって、動きがとれなくなってしまい、そのすきに、お母さんは、無事に子どもを取り返しました。……

つまり、ものごとには、証明可能な命題と、それ自体根源的に自己矛盾をはらんでいて、証明不可能、したがって真偽の判定は不可能という命題とがあります。候補者の主張や、人魚のお話は、いうまでもなく、真偽の判定がつけられない場合の例です。絶対矛盾の世界です。

実は、こうした「そのこと自体」が矛盾をかかえ込んでしまう場合があって、証明不可能な事態が起こり得るということを発見したのが、文字通りの天才数学者、クルト・ゲーデル（一九〇六～七八）でした。「不完全性定理」と呼ばれる定理で、この定理は、人間の理性の限界を明らかにしたという意味で、画期的なものでした。

ゲーデルは超越神の存在を数学的に証明しようということも試みたようですが、最後は、精神に異常を来たします。自分が食べるものにはすべて毒が入っているのではないかという妄想に取り付かれて、食事がとれなくなり、机の上で鉛筆をもったまま餓死したと伝えられています。

## ★数学がもつ自由性

このように、論理の世界では、絶対矛盾の解決はできませんが、いったん、その絶対矛盾をそのまま、まるごとを受け入れてしまうと、そのことがよいか悪いかは別にして、まったく新しい思考のパラダイムが出現します。まるごと受け入れるということは、それと自己同一化することである、といってもよいのでしょうが、そのあたりに宗教の特質を感じます。

世間では、科学で宗教を証明できる、とか、あるいは、宗教が科学的現象を予言していた、とか唱える人がたくさんいます。しかし、それは誤りです。科学と宗教とは別の次元に属する分野です。ただし、情動の部分、感じる部分という点では、大いに共通する部分があります。なぜならば、いずれも、真理を求める純粋な願望という面では同じだからです。

よく言われるのは、第1章でも触れた「旧約聖書」の冒頭、創世記の書き出しの部分です。まず、「光があった」と書かれている一節を抜き出して、それは、まさに「ビッグ・バン」による宇宙創生の事実を先取りしていたなどという言い方は、あまりに短絡的です。科学の前に宗教が、宗教の前に科学が、というような二者択一的な単純な話ではありません。お互い、人間の知性の産物であり、絡みあって今日の世界観、人間観が構築されてきたことを忘れてはなりません。

科学は、完結した論理の世界です。その科学を支える背後には、自由奔放な数学の世界があります。ここで、自由奔放と言ったのは、数学はひとつの公理から出発しますが、この公理の一部に課せられた条件を緩めることによって、新しい世界を開いていけるからです。

その一例は虚数です。みなさんもご存じのように、初等数学のルールによれば、「マイナス」×「マイナス」は「プラス」です。つまり、ある数がプラスであっても、マイナスであっても、同じ数を掛け合わせる（二乗するということですね）と、いずれもプラスです。たとえば、プラス2であっても、マイナス2であっても、二乗すると、どちらもプラス4になります。そこで、このルールを無視して、「二乗するとマイナス1になる数」が仮に存在するとすれば、何が起こるかということを考えてみましょう。記号では「$\sqrt{-1}$」と書き、「.i」という記号で表わすことにします。これを通常の実数に対して「虚数」と呼んでいます。

この「虚数」という呼び方は、何か嘘っぽい感じで、あまりよくありません。英語では、「イマジナリーナンバー（imaginary number『想像上の数』）」と言いますが、その方がぴったりします。そして、その頭文字をとって、虚数のことを「i」と書くのです。さてここで、「.i」を二回掛け合わせると、定義によって、マイナス1になることを覚えておきましょう。ところで、この「.i」は、想像上の数だというのであれば、実在しないのでしょうか。いいえ、そんなことはありません。

紙の上にx－y座標を書いてみましょう。そして、x軸上の点、たとえばプラス5に「.i」を二回掛けてみましょう。「.i」を二回掛けるということは、マイマス1を掛けるということですから、x軸上のプラス5は、マイナス5になります。これは、原点を中心にして、ぐるっと、一八〇度回転したことを意味します。ということは、一回掛けるということは、一八〇度の半分、すなわち、y軸のところまで、九〇度回転することです。つまり、虚数は、実在しない数ではなくて、それを一回掛けるということで、空間を九〇度回転させる働きをする不思議な数なのです。

パソコンや携帯電話、建築から機械産業のすべてが、この虚数の応用から生まれた技術です。宇宙の誕生が、「無」からのさりげない発生だという理論も、虚数の時間を仮定することによって、構築されています。このように、ルールを破ることから、新しい世界が見えてくるというのが、数学がもつ自由性の興味深いところなのです。

絶対矛盾の先に真理を描こうとするこのような動きは、芸術の世界では、日常茶飯事に行なわれています。能、狂言に見られる時空の超越や、ピカソやマグリットの絵画などに見られる表現もそうでしょう。エッシャーのだまし絵などは、いちばん理解しやすい例ですね。現代音楽でも、ジョン・ケージの「4分33秒」という表題のピアノ曲は、その典型です。演奏者は、舞台に上がり、4分33秒、何もせずにピアノの前に座るだけです。客席のざわめき、空調の音、などが、〝音楽〟となって聞こえてくるという逆説的な作品です。

では、徹底的な否定をくり返すことによって、ふっと絶対肯定の世界に到達するための心得をユニークな視点から説いた例を、少しだけお話ししておきましょう。それは、みなさんもよくご存じの、「般若心経《はんにゃしんぎょう》」の中で展開される論法です。

これは「プラジュニャー・パーラミター（prajñā pāramitā）」、つまり「智慧《ちえ》の到達の理」を説いた経典群全六百巻から、七世紀頃、唐の僧、玄奘《げんじょう》さんがエッセンスを取り出し、二百七十六文字に集約したものです。その中でも、真髄となる部分は、「色不異空、空不異色、色即是空、空即是色」と書かれているところです。

ここで「色」とは、梵語でいえば、ルーパ（rūpa）、ループ（rup／生じる）という意味とルー（ru／消滅する）という、二つの意味をもっており、生成消滅する物質的現象を示す言葉です。一方、「空」とは、シューニャ（śūnya）の訳語で、実体がないこと、言い替えれば、私たちの認識を超えたところにあって、すべての生成消滅の母体であるような漠とした全体を意味する言葉です。

さて、これらの四つの言葉は、いずれも、「空＝色」ということをくり返し述べています。前半では、「色（空）は空（色）に異なるものでない」と言い、後半では、「色（空）は即ち空（色）である」と言います。つまり、構図としては、「AはBでないものではない。BはAでないものではない。AはBである。BはAである」、という形式をとっています。

これは、古代インドの思想家、ナーガールジュナ（龍樹、Nāgārjuna）が言うところの「テトラレンマ（四句否定）」で、これを唱えていると、いつのまにか矛盾を超越して、AとBが重なってくることを狙った独特の論法です。これは、たとえば、「無である」、と言ったところで、「無」という言葉は、そこに厳然として存在します。

それは、言葉がもつ宿命でもあります。そこで、そのどうしようもなさ、どうにもならない矛盾に気づく方法が、この徹底的否定の論法です。

ところで、ここで重要なことは、「唱える」という行為です。もともとお経《きょう》というものを「スートラ（sūtra）」と呼んでいますが、その大本となるものは「マントラ（mantra）」であって、それは、言い替えれば「真言」、つまり聖なる音を伴ったフレーズ、あるいは、その「マントラ」自体が、世界の根源的姿を表出するもので、それは宇宙の魂《たましい》そのものを表現する言霊《ことだま》である、という考えに基づいているからです。目には見えない声に出して唱えることによって、視覚的な矛盾を超越してしまうわけです。お経は、黙読するものではなく、唱えるものだということですね。

そこで、先ほどの真髄の部分「色不異空、空不異色、色即是空、空即是色」を、あらためて訳せば、

「私たちの目に映っている物質的現象には実体がなく、実体がないから物質的現象が生じる。しかし、実体がないといっても、物質的現象を離れているわけではなく、実

体を離れているから物質的現象があるわけでもない」ということになります。

これは、すべての存在が原子分子の離合集散であって、存在として留まるものは、何ひとつない、とする現代科学の世界観そのものです。

いつまでも、「私」であり続けることはできず、したがって「私」という実体はありません。そして、私の体がなくなるということが、実体がないことの証《あかし》でもあります。その上で、実体がなければ、悲しみも迷いも単に見かけだけのものとなり、すべてが、「ない」のだと主張します。そこで、「ない」と「ある」は相互依存の関係にありますから、「ない」を絶対否定すると、「ある」「ない」を超えて、時間さえもない永遠の安息があるというのです。徹底的な否定の先にある、絶対肯定の世界です。

# 終章　終わりなきプレリュード

「……3、2、1、エンジン点火……」、そして静寂。

高さが百メートル近くもある発射台を、きのこ雲のような白煙が包み込みます。高温で噴射される炎から発射台の床を保護するために、巨大なタンクから放出された水がつくり出す水蒸気の雲です。やがて、地の底から大津波が押し寄せてくるかのような轟音と風圧に体全体が打ち震え、ゆっくりと、白煙の中から、限りなくまばゆい火の玉を従えた巨大な物体が天を目指して昇っていきます。まるで、新しい太陽が誕生して、空を駆け上っていくかのような光景です。

今から、ちょうど三十年前（一九七七年）の今頃、アメリカ合衆国フロリダ州の大西洋に面したNASAの宇宙基地をあとに、太陽系・外惑星探査を目的として、ボイジャー1号、2号が未知の宇宙へと旅立っていきました。今でも目をつぶると、そのときの情景が思い出されて、何か、涙が零《こぼ》れ落ちそうな気持ちになります。

みなさんもご存じかと思いますが、ボイジャーには、五十数カ国の言葉による「こんにちは、ごきげんいかがですか」という挨拶をはじめとして、地球の音情報を収めた一枚の録音版が搭載されていました。
その中に、〝E．T．〟（地球外知的生命体）との遭遇を想定（？）して、J・S・バッハの「平均律クラヴィア曲集」から「プレリュード」など、音情報が入っています。いったい、なぜ、この曲が選ばれたのでしょうか。

私たちヒト科哺乳類の、胎内での脳の発達過程を調べてみると、前にもお話ししましたように、聴覚は、ほかの視覚、味覚などと比べて二倍以上の時間をかけて、ていねいに形成されていることがわかっています。この事実は、今から数千万年前に地上を制覇していた恐竜の化石から明らかになったことなのですが、恐竜の聴覚がお粗末だったことと関係があるようです。耳の機能が劣っていた恐竜は、夜間は活動できず、その合間を縫うように、私たち哺乳類の祖先は、暗闇に強い聴覚を発達させながら細々と生きてきたというのです。つまり、耳の発達が、脳の形成に重要な役割を演じてきたということです。その証として、人生の終焉のときまで、〝活《い》きている感覚〟

は聴覚であり、音楽が、根源的な心のケアとして大きく認められているのは周知の通りです。

私たちは、宇宙の共通言語といえば、数学の論理だと考えています。もし「A>BでB>C」ならば、「A>C」である、といった論理は、宇宙の普遍的な真理です。実は一九七〇年代に私は、宇宙の始まりの問題とも関連して、「ゆらぎ」の研究に関わっていましたが、その頃、バッハの曲の音の配列と全体構成の中には、特別な数学的性質が含まれていることに気づいていました。それはまた、バッハ作品の楽譜の見開き二ページを眺めると、そこには視覚的にも美しい幾何学的パターンが感じられることにも通じます（カバー参照）。

そこで、宇宙の普遍的言語である数学と、脳のいちばん深いところにある聴覚とに関わる音楽を合体させることを意図して、バッハの「プレリュード」の搭載を提案したのでした。演奏者は、カナダ生まれの天才的ピアニスト、グレン・グールド（一九三二〜八二）。今では、伝説上のピアニストです。

そのときから、この曲は、私の人生にとってかけがえのないものになりました。たとえば、朝起きて、まず、この曲をピアノで弾くと、その日の自分の体と心のコンディションがわかります。「音楽は、魂の最も深いところに触れる芸術である」と喝破したのは、ロマン・ロランだったと思いますが、まったくその通りだと思います。

このようにして宇宙へと旅立ったボイジャーは、打ち上げから二年後の一九七九年には木星に接近し、衛星イオに活火山があるという衝撃的な写真を送ってきました。それは、まるで、サン＝テグジュペリの〝星の王子さま〟の星を思わせる風景でした。しかも、うっすらとした三本の輪があることも教えてくれました。そして、その二年後には、土星に接近し、氷の粒や小さな岩石でできている美しい輪に、謎のまだら模様「スポーク」があることを発見し、さらに、衛星タイタンには大気があり、その下には海のようなものがあって、未知の生物がいるかもしれない、という期待を抱かせるような発見もしました。

一九八六年には、天王星に接近し、土星のような輪があることや、その衛星ミランダには、たくさんのクレーターや渓谷、絶壁などがあることを詳細に報告してきました。一九八九年には、太陽系さいはての惑星、海王星に接近しました。そして、まるでサファイアのように青くて美しい画像が送られてきたとき、それまで固唾《かたず》をのんで見守ってきたNASAの管制室が、歓声で沸き返った日のことが忘れられません。

その後、衛星トリトンには氷が噴出している「氷の火山」があることを発見し、ボイジャーは、その使命を終えました。遠ざかるボイジャーから送られてくる海王星の映像が、時々刻々と小さくなっていくのを見ながら、私たちの太陽系をあとに帰らぬ旅についたボイジャーとの別離を想い、万感胸に迫るものがありました。〈航海者〉＝〈ボイジャー〉と名付けられたその探査機は、私たちの目となり、耳となり、そして足となって、たくさんの情報を集め、はるかなる宇宙へと旅立っていったのです。

その翌年、一九九〇年二月十五日、自分を生み出してくれた〝お母さん〟がいる地球からの呼びかけに、ボイジャーは振り返りました。そして、太陽系全体の〝家族写真〟を撮ることに成功したのです。光の速さで走っても、四時間十五分もかかるほど遠い太陽系のさいはて、六十五億キロメートルの彼方から振り返ったのです。

〝太陽がとてもまぶしかったよ……〟、そんなボイジャーの声が聞こえてきそうなその写真には、太陽の光に照らされて針の先ほどに小さく光る青い地球が写っていました。太陽系の家族写真、その写真は、学術研究のためではなく、ただ、私たちの地球が、太陽系の第三惑星であり、そこに私たちが確かに生きているという存在証明のために撮られたのでした。

今、ボイジャーは地球からおよそ百五十億キロメートルの距離にあり、秒速十五キロメートル、時速になおせば、毎時五万四千キロメートルというすさまじいスピードで遠ざかっています。そして、恒星風の情報などを懸命に送り続けています。その電波の強さは、一万キロメートル離れたところを飛ぶ蚊の羽音くらいの微弱な信号ですが、私たちはそれに聞き耳を立てています。

私たちの太陽系の中で唯一、知的生命体がすむこの青い星、地球をあとに、宇宙という未知の大海原をただひとり、二度と帰ることのない旅を続けているボイジャー。いつの日にか、私たちのような知的生命体と遭遇することになるのでしょうか。そのときには、搭載されているバッハのプレリュードが、〝かれら〟に届くでしょうか。

ロケットの打ち上げは、まず、地球の運動を考えた上で、ロケットを正しい方向へセットすることから始まり、一段目、二段目、三段目のエンジンに正しいタイミングで点火できなければ、きちんとした軌道に乗せることはできません。この一連の作業の中、どの部分が狂っても結果は失敗に終わります。

考えてみれば、私たちの人生も、ひとつの目的を達成するには、それぞれのプロセスをひとつひとつクリアしていかねばなりませんし、その段階の途中で起こるさまざまな予期せぬ出来事に対して、微調整をくり返しながら、最終ゴールに向けての軌道修正が必要です。それには、明確な目的意識に加えて、予期せぬ出来事に遭遇した場合にも、一息置いて、冷静に考え抜く余裕が必要です。

さて、みなさんも、時には、夜空を見上げてください。まもなく、全天の中でも、一番美しい星たちが見える季節になります。

「星は　すばる。ひこぼし。ゆふづつ。よばひ星、すこしをかし。尾だになからましかば、まいて」

（星といえば、まず、すばる、ですね。そして、彦星、宵の明星もいい。流れ星もちょっと面白い。でもしっぽがなければもっといいのに）

清少納言《せいしょうなごん》の「枕草子」二百五十四段です。

月と七夕《たなばた》の星を除いては、ほとんど星が話題になることがなかった平安文学の中で、「すばる」すなわち、おうし座の散開星団「プレアデス」を、美しい星の代表として取り上げ、さらにその対極として、百五十三段で「名おそろしきもの」として「ほこ星」（彗星）を登場させるなど、清少納言の新鮮な感覚には驚かされます。

この月から星へと向かう関心は、少し後の時代の「建礼門院右京大夫集《けんれいもんいんのうきょうのだいぶ》」に受け継がれています。

「月をこそながめ馴《な》れしか星の夜の　ふかきあはれを今宵《こよい》知りぬる」

（いつも月ばかり見てなれ親しんでいたが、今宵は、星の夜というものが、いかに素晴らしいかを知ってしまった）

そういえば、「旧約聖書」のヨブ記（第三十八章）にも、

「……あなたはプレアデスの鎖を結ぶことができるか。オリオンの綱を解くことができるか……」（筆者訳）という一節があります。

これは、神の御業《みわざ》は、人知をはるかに超えたものであることをヨブに気づかせるために、神が語る場面に出てくるのですが、私がずっと気になっているのは、宮沢賢治の代表作「銀河鉄道の夜」の最後の部分で、セロのような声でジョバンニに語りかける謎めいた言葉との共通性です（引用はちくま文庫『宮沢賢治全集7』による）。

「さあいゝか。だからおまへの実験はこのきれぎれの考のはじめから終りすべてにわ

たるやうでなければいけない。それがむづかしいことなのだ。けれどももちろんそのときだけのでもいゝのだ。あゝごらん。あすこにプレシオスが見える。おまへは、あのプレシオスの鎖を解かなければならない。」

そっくりな言い回しですね（「プレシオス」は「プレアデス」の賢治一流の表現でしょう）。

「プレアデス」＝「すばる」は、地上から見上げると、月の大きさ四個分くらいの範囲に、およそ百三十個の星が集まっている散開星団です。空が暗く、澄んでいれば、肉眼でも六個くらいの星が見えますが、それは、鎖を結んだような形をしていて、昔から、「六連星《むつらぼし》」などとも呼ばれてきました。地球からの距離、およそ四百十光年、青味かかった雲をまとっていて、誕生間もない星々であることを物語っています。といっても、誕生は、今から五千万年くらい前です。また、その星々を包み込んでいる青い雲とは、生まれたばかりの星にまだ取り込まれていないガスや微粒子が、星からの光を受けて、夢のような色で、発光しているというものです。

生まれてから、およそ五千万年、という宇宙時間に比べれば、清少納言が活躍していた千年前と「今」とは、ほとんど同じ時期だということになりますから、今夜私たちが見上げる「すばる」は、清少納言が見ていた星そのものだと考えても間違いではありません。星が、清少納言と私たちを、「今」に結びつけてくれたわけです。

今夜も、降るような星空です。この悠久の宇宙の中には、私たちの隣人がいるかもしれません。そこでも、戦いがくり広げられているのでしょうか？　もし、平和に暮らしているのだったら、その知恵を教えてもらいたいものです。バッハの「プレリュード」をしっかりと胸に抱いたボイジャーは、そんな想いを秘めて、今夜も真っ暗な宇宙空間を飛び続けています。

二度と帰ることのないひとり旅、しかし、私たちは、決してボイジャーのことを忘れることはないでしょう。いつまでも元気で、そして、さようなら。「プレリュード」とは、「前奏曲」、しかし、それは、〝終わりなきプレリュード〟です。

# あとがき

生まれて初めての三重暮らしが始まってから、三年あまりの月日が経ちました。これまでの私の人生を交響曲にたとえれば、第五楽章に入ったということになります。

東京で生まれ、東京の大学で学んだ後、東京大学物性研究所で、初めての研究生活に入るまでの第一楽章、その後、大学との絆を残したまま、民間企業の援助のもと、基礎研究と、その応用としての製品開発に明け暮れた第二楽章、そして、理性と情緒の調和という新しい視点からのリベラル・アーツ教育を目指し、天文台の設置、かねてからの憧れであったパイプオルガン練習の舞台となった東京の大学での日々が第三楽章、そして、定年を迎えた後、宮城県に新しく設立された大学に招かれ、初めての東北暮らしをすることになり、第四楽章へと進みました。本来、交響曲は、第四楽章で終結する場合が多く、私の場合も、これが最終楽章になると思っていたのですが、再び、三重県から、新しいご縁をいただき、第五楽章が始まってしまいました。

そんな折に、かつて、『星へのプレリュード』（MOKU出版）の刊行でお世話になった松澤隆さんとの再会があり、お寺や神社、パイプオルガンを弾かせていただけるということで、キリスト教の教会や、小学校、中学校などで行なう特別公開授業などへのご案内をしているうちに、その講義を一冊の本にしようという話になり、誕生したのが本書です。何分にも、日頃の雑務と多忙さの中で、内容の吟味も充分だとは言いきれない不安も残りますが、それはまた、私の講義をリアルタイムで聴いていただいているような雰囲気をお伝えできるかもしれないという期待もあって、急遽、出版の運びになりました。この本が、読者のみなさんに、ひとときの安らぎを与えるきっかけになれば、それ以上の幸せはありません。

最後になりましたが、出版に際し、多大なるご助力をいただいた、春秋社の松澤隆さんに心からの御礼を申し上げます。

二〇〇七年晩秋

東海道五十三次庄野宿にて　佐治晴夫

愛用のオルガンとピアノと手作り音響システムにかこまれて――アトリエの居間にて――

**佐治晴夫** *Haruo Saji*
1935年東京生まれ。理学博士（理論物理学）。日本文藝家協会会員。東京大学物性研究所、玉川大学、県立宮城大学教授、鈴鹿短期大学学長などを経て、同短期大学名誉学長、大阪音楽大学大学院客員教授、北海道・美宙（MISORA）天文台台長。量子論的無からの宇宙創生に関わる「ゆらぎ」の理論研究の第一人者。現在は、宇宙研究の成果を平和教育へのひとつの架け橋と位置づけるリベラル・アーツ教育の実践にとりくんでいる。主な著書に『おそらにはてはあるの？』『夢みる科学』（玉川大学出版部）、『量子は不確定性原理のゆりかごで宇宙の夢をみる』（トランスビュー）、『詩人のための宇宙授業――金子みすゞの詩をめぐる夜想的逍遥』（JULA出版局）、『宇宙のカケラ――物理学者、般若心経を語る』（毎日新聞出版）、『女性を宇宙は最初につくった』『14歳のための物理学』『14歳のための時間論』『14歳のための宇宙授業』『14歳からの数学――佐治博士と数の不思議な1週間』『それでも宇宙は美しい！――科学の心が星の詩にであうとき』（以上、春秋社）『マンガで読む14歳のための現代物理学と般若心経』（赤池キョウコ氏との共著、春秋社）、『男性復活！――宇宙の進化と男性滅亡に抗して』（堀江重郎氏との共著、春秋社）、『この星で生きる理由――過去は新しく、未来はなつかしく』（KTC中央出版）、『続・宇宙のカケラ――物理学者の詩的人生案内』（毎日新聞出版）など多数。

本文中写真提供：佐治晴夫

**からだは星からできている**

2007年11月20日　初　版第1刷発行
2023年 7 月20日　新装版第1刷発行

**著者**――――佐治晴夫
**発行者**――――小林公二
**発行所**――――株式会社 **春秋社**
〒101-0021東京都千代田区外神田2-18-6
電話03-3255-9611
振替00180-6-24861
https://www.shunjusha.co.jp/
**印刷**――――株式会社 丸井工文社
**製本**――――ナショナル製本 協同組合
**装丁**――――河村　誠


Printed in Japan, Shunjusha
ISBN978-4-393-36068-2
定価はカバー等に表示してあります